园林绿化工程施工与养护技术

宋刚勇　陈欣玲　李云瞻　主编

延边大学出版社

图书在版编目（CIP）数据

园林绿化工程施工与养护技术 / 宋刚勇，陈欣玲，
李云瞻主编. -- 延吉 : 延边大学出版社，2023.3
ISBN 978-7-230-04559-9

Ⅰ. ①园… Ⅱ. ①宋… ②陈… ③李… Ⅲ. ①园林－
绿化－工程施工－研究②园林植物－园艺管理－研究
Ⅳ. ①TU986.3②S688.05

中国国家版本馆CIP数据核字(2023)第044265号

园林绿化工程施工与养护技术

主　　编：宋刚勇　陈欣玲　李云瞻	
责任编辑：王治刚	
封面设计：文合文化	
出版发行：延边大学出版社	
社　　址：吉林省延吉市公园路977号	邮　　编：133002
网　　址：http://www.ydcbs.com	E-mail：ydcbs@ydcbs.com
电　　话：0433-2732435	传　　真：0433-2732434
印　　刷：天津市天玺印务有限公司	
开　　本：710×1000　1/16	
印　　张：13	
字　　数：200 千字	
版　　次：2023 年 3 月 第 1 版	
印　　次：2024 年 6 月 第 2 次印刷	
书　　号：ISBN 978-7-230-04559-9	

定价：68.00元

编 写 成 员

主　　编：宋刚勇　陈欣玲　李云瞻

副 主 编：陈园园　张路金　刘丽红　李焕明

主编单位：平舆县园林绿化中心

　　　　　唐山市园林绿化中心

　　　　　驻马店市园林绿化中心

编写单位：慈溪市兴发园林绿化有限公司

　　　　　广州普邦园林股份有限公司

　　　　　哈尔滨卉香花圃有限责任公司

　　　　　广东省惠州市红花湖景区管理中心

前　言

　　近年来，随着人们对生态环境的日益重视，园林绿化建设也蓬勃兴起。增加城市园林绿化建设投入，充分发挥绿地的生态效益，改善城市面貌和环境，进一步提高城市品位和投资环境，创建人与自然和谐共生的人居环境，已成为人们的共识和时代的要求。

　　园林绿化工程是一项长期性工程，不仅需要加强施工管理，而且需要合理运用养护技术来提升园林景观的美观性。园林绿化工程需要结合绿植的特点进行养护，而养护是一项持久性工作，不仅要做好灌溉、施肥、防病虫害等基本工作，还要定期除草、修剪等。

　　科学开展园林绿化工程施工与养护对改善生态环境、提高社会经济效益具有重要意义。本书共九章，由平舆县园林绿化中心高级工程师宋刚勇、唐山市园林绿化中心高级工程师陈欣玲、驻马店市园林绿化中心工程师李云瞻担任主编，其中第一章、第二章、第五章及第九章由宋刚勇主编负责撰写，共 8 万余字；第七章和第八章由陈欣玲主编负责撰写，共 6 万余字；第四章和第六章由李云瞻主编负责撰写，共 5 万余字。慈溪市兴发园林绿化有限公司陈园园、广州普邦园林股份有限公司张路金、哈尔滨卉香花圃有限责任公司刘丽红、广东省惠州市红花湖景区管理中心李焕明担任副主编，共同撰写了第三章，共 1 万余字。

　　在撰写本书的过程中，笔者参考和借鉴了其他学者的相关资料，在此深表

1

感谢。由于时间仓促、水平有限，书中难免有不足之处，敬请广大读者和专家批评、指正。

笔者

2023 年 1 月

目　　录

第一章　园林绿化工程概述

第一节　相关概念界定

绿化种植和绿化养护是园林工程的重要组成部分。绿化植物是园林中最基本的生态要素，通常分为公共绿化、专用绿化、防护绿化、道路绿化及其他绿化。一般选用乔木、灌木、藤本及草本植物进行绿化。下面就绿化工程的相关概念进行解释。

一、基础名词

胸径：指距地面 1.3 m 处树干的直径。

苗高：指从地面起到苗木顶梢的高度。

冠径：指异形枝条幅度的水平直径。

条长：指攀缘植物，从地面起到顶梢的长度。

年生：指从繁殖起到掘苗时止的树年龄。

苗木高度：指苗木自地面至最高生长点的垂直距离。

冠丛高：指灌木自地面至最高生长点的垂直距离。

冠丛直径：指苗木冠丛的最大幅度和最小幅度的平均直径。

苗木地径：指苗木自地面至 0.2 m 处的树干直径。

苗木长度：又称蓬长、茎长，指攀缘植物的主径从根部至梢头之间的长度。

土球直径：指苗木移植时，根部所带土球的实际直径。

栽植密度：单位面积内所种植苗木的数量。

大树：指胸径在 25～45 cm 的乔木。

分枝点：指从树主干分叉分枝的离地面距离最近的接点。

地形塑造：指根据设计要求，通过运、填施工场地内的土方等方式改变原始地形以体现设计人员的设计意图。

二、绿化工程基本规定

（一）整地

1.清理障碍物

在施工场地上，凡对施工有碍的一切障碍物，如堆放的杂物、违章建筑、坟堆、砖石块等，都要清理干净。一般情况下，已有树木凡能保留的应尽可能保留。

2.整理现场

根据设计图纸要求，将绿化地段与其他用地区别开来，整理出预定的地形，使其与周围排水趋向一致。整理工作一般应最晚在栽植前 3 个月进行。

（二）行道树的定点和放线

道路两侧成行列式栽植的树木，称为行道树。要求栽植位置准确、株行距相等（在国外有用不等距的），一般是按设计断面定点。在已有道路旁定点以路牙为依据，然后用皮尺、钢尺或测绳定出行位，再按设计定株距，每隔 10 株于株距中间钉一木桩（不是钉在所挖坑穴的位置上），作为行位控制标识。

（三）栽植穴、槽的挖掘

栽植穴、槽的质量，对植株以后的生长有很大的影响。除设计确定位置外，还应根据根系或土球的大小、土质情况来确定坑（穴）径大小（一般比规定的根系或土球直径大 20～30 cm）；根据树种根系类别，确定坑（穴）的深浅。坑（穴）或沟槽口径应上下一致，以免植树时根系不能舒展或填土不实。

三、绿化苗木分类

常绿乔木：指有明显主干，分枝点离地面较远，各级侧枝区别较大，全年不落叶的木本植物。

常绿灌木：指无明显主干，分枝点离地面较近，分枝较密，全年不落叶的木本植物。

落叶乔木：指有明显主干，分枝点离地面较远，各级侧枝区别较大，冬季落叶的木本植物。

落叶灌木：指无明显主干，分枝点离地面较近，分枝较密，冬季落叶的木本植物。

竹类植物：指地上秆茎直立有节，节坚实而明显，节间中空的植物。

攀缘植物：指能攀附他物向上生长的蔓生植物。

水生类植物：指能完全在水中生长的植物。

地被植物：特指成片种植覆盖地面的小灌木类木本植物。小灌木是指灌木从高度在 40 cm 以下的灌木。

花卉类植物：指因具有观赏特性而进行种植的植物材料（一般指观花、一二年生及多年生的草本植物）。

草坪：指秆、枝、叶均匍地而生，成片种植覆盖地面的草本植物。

第二节　园林绿化工程施工

一、园林绿化工程施工的内涵

园林绿化工程施工是在规划设计之后，为使设计意图得以实现而进行的具体工作。园林绿化工程施工的主要依据是规划图和种植设计图。绿地属于城市建设用地，所以绿地系统的规划必须符合城市规划的要求；种植设计图则是园林植物造景和进行合理配植的依据。因此，施工前必须熟悉设计图纸和有关文件。

园林绿化工程是以栽植工作为基本内容的环境建设工程，它的对象是有生命的植物。园林绿化工程施工是指将植物作为基本的建设材料，按照绿化设计进行具体的栽植和造景。绿化工程施工单位只有掌握有关植物材料的栽植季节要求、植物的生态习性、植物与土壤的相互关系，以及与栽植成活相关的原理与技术，才能按照绿化设计要求进行具体的栽植与造景，使各植物尽早发挥绿化效果。

二、园林绿化工程施工须知

园林绿化工程又可理解为植树工程。植树工程可分为植树和大树移植两类。

植树是指栽植、移植胸径在 10 cm 以下的乔木，或高度在 3.5 m 以下的小乔木、花灌木、藤本植物和整形植物。

大树移植是指移植胸径在 11~30 cm 的乔木，或高度在 3.5 m 以上（或所带土球直径在 1 m 以上）的小乔木、花灌木及整形植物。胸径大于 30 cm 的为特大树。

（一）选好树种

首先要了解植树地方的环境条件与需要种植的树木的习性，做到适地适树。其次要了解植树地方的绿地类型，根据不同绿地的要求来选择树种。

（二）适时种植

落叶树一般在落叶后到发芽前种植，但需要避开严寒冰冻天气。在气候比较温暖的地方，在这个时间段内植树可适当提早，寒冷地区植树则适当晚些。常绿树一般在生长高峰的间隙种植，可在春季生长高峰之前或秋季生长高峰之后抓紧进行。

（三）确保栽植质量

首先要做到"三随"，即随挖、随运、随种，避免出现人为质量问题。其次，要清理平整场地，根据树种的特性做好树木的挖掘、包扎、运输和树穴的挖掘工作。种植前先要施基肥，并用土把基肥盖上。要修剪树木的根、枝等，然后入穴种植，边覆土边夯实。夯实时，若是裸根，应不伤根；若带土球，则不伤土球。覆土以后作一水圈"灌水堰"，然后浇足水。若是大规格树木，还需设支柱支撑。

第三节 园林绿化工程类别划分说明

一、一类工程

（1）单项建筑面积 600 平方米及以上的园林建筑工程。

（2）高度 21 米及以上的仿古塔。

（3）高度 9 米及以上的牌楼、牌坊。

（4）25 000 平方米及以上的综合性园林建设。

（5）缩景模仿工程。

（6）堆砌英石山 50 吨及以上或景石（黄蜡石、太湖石、花岗石）150 吨及以上或塑 9 米高及以上的假石山。

（7）单条分车绿化带宽度 5 米、道路种植面积 15 000 平方米及以上的绿化工程。

（8）两条分车绿化带累计宽度 4 米、道路种植面积 12 000 平方米及以上的绿化工程。

（9）三条及以上分车绿化带（含路肩绿化带）累计宽度 20 米、道路种植面积 60 000 平方米及以上的绿化工程。

二、二类工程

（1）单项建筑面积 300 平方米及以上的园林建筑工程。

（2）高度 15 米及以上的仿古塔。

（3）高度 9 米以下的重檐牌楼、牌坊。

（4）20 000 平方米及以上的综合性园林建设。

（5）景区园桥和园林小品。

（6）园林艺术性围墙（带琉璃瓦顶、琉璃花窗或景门窗）。

（7）堆砌英石山 20 吨及以上或景石（黄蜡石、太湖石、花岗石）80 吨及以上或塑 6 米高及以上的假山石。

（8）单条分车绿化带宽度 5 米、道路种植面积 10 000 平方米及以上的绿化工程。

（9）两条分车绿化带累计宽度 4 米、道路种植面积 8 000 平方米及以上的绿化工程。

（10）三条及以上分车绿化带（含路肩绿化带）累计宽度 15 米、道路种植面积 40 000 平方米以上的绿化工程。

三、三类工程

（1）单项建筑面积 300 平方米以下的园林建筑工程。

（2）高度 15 米以下的仿古塔。

（3）高度 9 米以下的单檐牌楼、牌坊。

（4）10 000 平方米及以上的综合性园林建设。

（5）堆砌英石山 20 吨以下或景石（黄蜡石、太湖石、花岗石）80 吨以下或塑 6 米高以下的假石山。

（6）庭院园桥和园林小品。

（7）园路工程。

（8）单条分车绿化带宽度 5 米、道路种植面积 10 000 平方米以下的绿化工程。

（9）两条分车绿化带累计宽度 4 米、道路种植面积 8 000 平方米以下的绿化工程。

（10）三条及以上分车绿化带（含路肩绿化带）累计宽度 15 米、道路种植面积 40 000 平方米以下的绿化工程。

四、四类工程

（1）10 000 平方米以下的综合性园林建设。

（2）园林一般围墙、围栏。

（3）砌筑花槽、花池。

（4）仅有路肩绿化的绿化工程。

（5）道路断面仅有人行道路树木的绿化工程。

（6）其他绿化累计面积 10 000 平方米以下的绿化工程。

第二章 园林绿化植树工程
施工与养护

第一节 植树概述

一、植树施工的原则

为确保工程任务圆满完成,在植树工程施工过程中,应严格遵循以下原则:

(1)必须符合规划设计要求。一切绿化设计,都要通过种植工程的施工来实现。为了充分实现设计者的设计意图,施工者必须熟悉图纸,理解设计意图与要求,严格遵照设计图纸进行施工。如果施工者发现设计图纸与现场实际不符,则应及时向设计人员反馈。如需变更设计,则施工者必须征得设计部门的同意,绝对不可自行处理。

(2)栽植技术必须符合树木的生态习性。树木除有共同的生理习性外,不同树种具有不同的生态习性。施工者必须了解树木的共性与特性,并采取相应的技术措施,以保证种植的成活率和工程的顺利完成。

(3)抓紧在适宜的季节种植、施工。

(4)严格执行植树工程的技术规范和操作规程。

二、树木栽植成活的原理

要保证栽植的树木成活，就必须掌握树木的生长规律及其生理变化，了解树木栽植成活的原理。一株正常生长的树木，其根系与土壤密切接触，根系从土壤中吸收水分和无机盐并运送到地上部分，以保证枝叶有充足的养分制造有机物质。此时，地下部分与地上部分的生理代谢是平衡的。栽植树木时，首先要掘起，此时根系与原有土壤的密切关系就被破坏了。即使是苗圃中经过多次移植的苗木，也不可能掘起全部根系，仍会有大量的吸收根留在土壤中，这样就降低了根系对水分和营养物质的吸收能力，而地上部分仍然不断地流失水分，生理平衡遭到破坏，此时，树木就会因根系受伤失水不能满足地上部分的需要而死亡。这就是人们常说的"人挪活，树挪死"的道理。但是，并不是说树挪了一定会死，因为根系断了还能再生，根系与土壤的密切关系可以通过科学的、正确的栽植技术重新建立。一切利于根系迅速恢复再生能力和尽早使根系与土壤建立紧密联系的技术措施都有助于提高栽植成活率，从而做到树挪而不死。

由此可见，如何使新栽的树木与环境迅速建立密切联系，及时恢复树体以水分代谢为主的生理平衡是树木栽植成活的关键。这种新的平衡关系建立的快慢与树种习性、年龄时期、物候状况以及影响生根和蒸腾的外界因素都有着密切的关系。一般来说，发根能力和再生能力强的树种容易成活；幼、青年期的树木以及处于休眠期的树木容易成活；土壤水分充足，在适宜的气候条件下栽植的树木成活率高。科学的栽植技术和高度的责任心可以弥补许多不利因素，大大提高树木的栽植成活率。园林树木种植中主要从生态学和生物学角度保证树木的栽植成活率。

（一）生态学原理

生态学原理，即适地适树，主要包括以下三个方面。

1.单纯性适应

树种的生态习性与立地生态环境相互适应、相互统一。例如，水边低湿地选耐水湿的树种，荒山荒地则选择耐瘠薄、干旱的树种，盐碱地宜栽植耐盐碱的树种。

2.改地适树

改善立地生态条件，使其基本满足树木对生态的要求，如土壤改良、整地、客土栽植、灌水、排水、施肥（施偏酸性或偏碱性的肥料）、遮阴和覆盖等。

3.改树适地

通过选种、引种、育种等技术措施，改变树木的生态习性，保证其适应现有的立地生态条件。例如，通过抗性育种增强树种的耐寒性、耐旱性、抗盐碱能力、抗病虫能力或抗污染能力等，使树种能在寒冷、干旱、盐碱地和污染环境中生长。选择合适的砧木以"接砧适地"，保证树木在立地条件下很好地成活、生长，如南方用毛桃做桃花的砧木，北方用山桃做桃花的砧木。

（二）生物学原理

在未移植时，一株正常生长的树木，在一定环境条件下，其地上部分与地下部分保持着一定的平衡关系。在移栽树木时，一方面，应尽可能多带根系；另一方面，必须对树冠进行相应的、适量的修剪，尽量减少蒸发量，以维持根冠水分代谢平衡。因此，保证树木栽植成活的关键主要有以下几点：

（1）尽最大可能做到"适地适树"；

（2）在合理、科学的起苗、运苗、栽植过程中，操作要尽可能快，防止失水过多；

（3）尽可能地多带根系，并尽快促进根系伤口愈合（伤口要剪平，最好涂生长刺激剂），发出新根，短期内恢复根系的吸收能力；

（4）栽植中一定要保证根系与土壤颗粒紧密接触（将土踩实），栽后必须灌水，保证土壤中有足够的水分供应；

（5）一定要修剪树冠，减少枝叶量，以减少蒸腾（修剪量因树种而异，小树一般在栽植后修剪，大树通常在栽植前修剪，栽后再复剪）。

三、树木的栽植时期

古谚曰："移树无时，莫教树知。"也就是说，栽树要在树木休眠期进行，这样最有利于树木成活。

确定某种树最适宜移栽时期的原则：选择有利于根系迅速恢复的时期，选择尽量减少因移栽而对新陈代谢活动产生不良影响的时期。根据这一原则，一般以晚秋和早春移栽树木为佳。其实，只要方法得当，四季均可栽植树木。为提高树木栽植成活率，必须根据当地气候和土壤条件的季节变化，以及栽植树种的特性与状况，综合考虑，确定适宜的栽植时期；根据当地园林单位或施工单位的经济条件、劳力、工程进度和技术力量等决定栽植时期。

树木有它自身的年周期生长发育规律，以春季发芽、夏季生长、秋后落叶前为生长期，生理活动旺盛，生长发育与外界环境因子的关系十分密切；树木自秋季落叶后到春季萌芽前为休眠期，各项生理活动处于微弱状态，营养物质消耗最少，对外界环境条件的变化不敏感，但对不良环境因素的抵抗力强。根据树木栽植成活的原理，应选择外界环境最有利于水分供应和树木本身生命活动最弱、消耗养分最少、水分蒸腾最小的时期为植树的最好季节。

最适宜的植树季节是早春和晚秋，即树木落叶后开始进入休眠期至土壤冻结前，以及树木萌芽前刚开始生命活动的时候。在这两个时期，树木对水分和养分的需要量不大，容易得到满足，而且此时树木体内储存有大量的营养物质，又有一定的生命活动能力，有利于伤口的愈合和新根的再生，所以在这两个时期栽植一般成活率最高。至于春植好还是秋植好，则须依不同树种和不同地区条件而定。具体各地区哪个时期最适合植树，则要根据当地的气候特点和不同树种生长的特点来决定。同一植树季节南北地区可能相差一个月之久，这些都要在实际工作中灵活运用。现将各季节植树的特点分述如下。

（一）春季植树

春季植树是指自春天土壤化冻后至树木发芽前植树。此时树木仍处于休眠期，蒸发量小，消耗水少，栽植后容易达到地上、地下部分的生理平衡；多数地区土壤处于化冻返浆期，水分条件充足，有利于树木成活；土壤已化冻，便于掘苗、刨坑。

春季植树适合大部分地区和几乎所有树种，对成活最为有利，故春季是植树的黄金季节。但是，有些地区不适合春季植树，如干旱多风的西北、华北部分地区，春季气温回升快，蒸发量大，适栽时间短，往往根系还没来得及恢复，地上部分已发芽，影响成活。另外，西南某些地区受印度洋干湿季风影响，秋冬、春至初夏均为旱季，蒸发量大，春季植树往往成活率不高。

（二）夏季（雨季）植树

夏季植树只适合某些地区和某些常绿树种，主要用于山区小苗造林，特别是春旱，秋冬也干旱，夏季为雨季且较长的西南地区。该地区海拔较高，夏季不炎热，树木栽植成活率较高，常绿树尤以雨季栽植为宜。雨季植树一定要掌握当地历年雨季降雨规律和当年降雨情况，抓住连阴雨的有利时机，树木栽后下雨最为理想。

（三）秋季植树

秋季植树是指在树木落叶后至土壤封冻前植树。此时树木进入休眠期，生理代谢转弱，消耗营养物质少，有利于维持生理平衡。秋季气温逐渐降低，蒸发量小，土壤水分较稳定，而且此时树体内储存的营养物质丰富，有利于断根伤口愈合，如果地温尚高，还可能发生新根。经过一冬，根系与土壤密切结合，春季发根早，符合树木先生根后发芽的物候顺序。不耐寒的、髓部中空的或有伤流的树木不适合在秋季种植；对于当地耐寒的落叶树的健壮大苗，则应安排在秋季种植以缓和春季劳动力紧张的局面。

秋季植树有以下特点：

（1）秋季气温下降，地上部分蒸腾量小，并且树体本身停止生长活动，需水也少；

（2）土壤里水分状态较稳定，树体储存营养较丰富；

（3）此时树木根系有一次生长高峰，伤根易于恢复和发新根；

（4）秋栽的时间比春栽的时间长，有利于劳动力的调配和大量栽植工作的完成，根系有充足的恢复和生新根的时间，成活率较高，翌年气温转暖后不需缓苗就能立刻生长；

（5）在北方，由于秋冬季多风干旱，秋季植树时只能选择耐寒、耐旱的树种，而且要选择规格较大的苗木。

（四）冬季植树

冬季是东北地区移植冻土坨的最好时期，尤其对一些常绿针叶树种来说。在土层冻结 5～10 cm 时开始挖坑和起苗，四周挖好后，先不要切断主根，放置一夜，待土球完全冻好后，再把主根切断打下土球。冻土球避开"三九"天，能提高成活率。以冻土移栽樟子松为例，科研人员总结出了以下经验来提高移栽成活率：

（1）尽量缩短起苗至重新定植的时间。起苗时间大约在 11 月中旬（立冬后），应在 12 月底（冬至后）结束。

（2）起球前，用草绳将树冠拢好，不要损坏树尖。一般土球的大小是移栽树木胸径的 10～15 倍，起挖的深度要在根系主要分布层。

（3）正确收球，当起挖到一定的深度时，开始内收土球，其深度必须在 40 cm 以下（土壤表面向下的 40 cm 土层中集中了绝大部分水平根系，保证有足够大的土球体积对樟子松成活极为有利）。

（4）当土壤冻结层没有达到土球要求的深度时，在挖好四周和树球内收后，不要立即打球，再稍冻 1～2 天，待土壤刚好冻至需要的深度时再行打球。

在纬度较高、冬季酷寒的东北和西北地区还应注意，建筑物北面和南面土壤解冻的时间大约相差一周，因此，北面栽植的时间应晚于南面栽植的时间。阔叶常绿树中除华南产的极不耐寒种类外，一般的树种自春暖至初夏或 10 月中旬至 11 月中旬均可栽植，最好避开大风及寒流天气。

竹子除炎夏及严冬外，四季均可种。《种树书》载有"种竹以五月十三日为上，是日遇雨为佳"。竹子的种类不同，适宜栽植的时间也不同（出笋早的毛竹、紫竹等应早栽，出笋迟的孝顺竹则可迟栽）。栽竹原则：在发笋前一个多月，空气湿度大，不寒冷也不炎热的时期种竹最为有利。

其他不耐寒的亚热带树种如苏铁、樟树、栀子花、夹竹桃等以晚春栽种为宜，开花极早的梅花、玉兰等可在春季花谢后及时移栽。

掌握了各个季节植树的优缺点后，就能根据各地条件因地、因树种，恰当地安排施工时间和施工进度。

第二节 植树施工与养护

一、植树施工工序

为确保绿化植树工程的质量，必须按规定的技术规范和操作规程施工。

（一）进土方和堆造地形

1.进土方

土壤是栽植的基础，若场地土方不足，就要从其他地方移土进场，且所进土壤必须是植物生长所需要的水、肥、气、热条件的栽植土，其土色应为自然的土黄色至棕褐色，确保无白色盐霜，疏松不板结，理化性质符合"园林栽植土质量标准"，严禁使用建筑垃圾土、盐碱土、重黏土、砂土以及含有其他有害成分的土壤。对场地中原有的不符合栽植条件的土壤，应根据设计规定全部或部分用种植土或人造土加以更换，或根据栽植要求进行改良。

2.堆造地形

（1）测设控制网

地形的堆造必须符合规划设计要求。由于园林工程建设场地内的地形、地物往往较为复杂，施工前的施测范围大，且形状变化也较多，施工测量会有一定难度，因此在较大范围的园林工程施工测量中，建设场地内的控制网测设就显得尤为重要。园林设计中一般用方格网来控制整个施工区域。

园林工程建设场地的方格网大小根据地形的复杂程度和施工方法而定，一般为 10 m×10 m、20 m×20 m 或 40 m×40 m 不等。方格网的布设应遵循先整体后局部的工作程序，即先测设方格网的十字形、口字形主轴线，然后进行加密，全面布设方格网。

自然地形的堆造，如挖湖堆山的施工，首先应确定"湖"和"山"的边界线，把设计地形等高线和方格网的交点——标到地面上并打桩，桩木上标明桩号及施工标高。堆山时，由于土层不断升高，桩木可能被土埋没，所以桩木的长度应大于土层的高度，不同层用不同颜色标记，以便识别；也可以分层放线设置标高桩。挖湖工程的放线工作与山体基本相同，由于一般水体挖得比较相似，而且池底常年隐没在水下，放线可以粗放些，但岸线和岸坡的定点放线应该准确，这不仅是因为它是地上部分，对造景有影响，而且因为它对水体岸坡的稳定有很大影响。为了精确施工，可以用边坡样板来控制边坡坡度。

（2）挖、堆方

土方工程是园林工程的重要项目之一，是绿化种植、景观工程等相关工序的第一步。

在挖、堆方同时施工的工程中，要注意土方平衡。挖出土方可用于堆方造型，多余部分外运；地形堆筑中的缺土可由场外运入，其质量应满足栽植技术规程的规定。符合绿化种植要求的土壤是一种不可替代的资源，因此施工中应充分利用和节约使用。在通常情况下，施工现场应挖出原地表层的种植土，然后回填一般杂土，再将种植土覆盖于表层，这样既满足了工程设计对地形或假山的外形要求，又能使表层土壤符合植物生长的要求。

挖土方通常在开挖人工河（湖）道时进行，挖后及时配合土方的搬运工作。河（湖）道的开挖，必须根据设计要求，结合土质条件，先挖取河（湖）道中心最深部位，再按等高线向四周逐步扩大范围。

在地形堆筑前，应对可能会对土方造型和山体堆放质量造成不良影响的地下隐蔽物进行处置，并在隐蔽工程验收后进入堆筑工序。堆筑地形时要对沉降、位移进行监测，一般 24 小时监测一次，重要部位如大于地基承载能力的假山、邻近建筑物的山体等，相对标高达 7 m 时，应 12 小时监测一次。

山体表面的种植层应符合园林绿化种植规范要求，表层土壤（至少 1 m 以上）必须经检验分析，达到满足植物生长的条件，符合"园林栽植土质量标准"。

土方工程结束后，应对栽植区的土壤进行深翻，翻地深度不得小于 30 cm，并施腐熟基肥，每平方米施入 1.0～1.5 kg。

（二）定点放线

定点放线就是在现场定出苗木的栽植位置和株行距。由于栽植形式不同，定点放线的方法也不一样，常用的有两种：自然式放线法和整齐式（行列式）放线法。

1.自然式放线法

公园绿地中自然式树木种植的方式有两种：一种是孤植，多在设计图上标有单株的位置；另一种是群植，呈树丛、片林式栽植，设计图上只标明范围，未确定具体的株位。自然式的定点放线有以下四种方法：

（1）平板仪定点

适用于范围较大、测定基点准确的绿地。依据测定基点，将单株位置及片植范围线按设计意图依次定出，并钉木桩标明树种、株数。

（2）网格法

适用于范围较大而地势平坦的绿地。按比例在设计图和现场分别划出等距离的方格网（一般为 20 m×20 m），定点时，先在设计图上确定树木在方格网上的纵横坐标距离，再按现场放大的比例，定出其在现场的相应位置，钉上标以树种、坑（穴）规格的木桩，或撒灰线标明。

（3）交会法

适用于范围较小、现场内建筑物或其他标记与设计图完全相符的绿地。

以建筑物的两个固定位置为依据，根据设计图上与两点的交会距离，定出植树位置。位置确定后必须做明确标志，孤立树可钉木桩，写明树种和挖穴规格；树丛要用白灰线划清范围，线圈内钉上木桩，写明树种、数量、挖穴规格等。

（4）目测法

对于设计图上无固定点的绿地种植，如灌木丛、树群等，可用上述几种方法划出树丛或树群的栽植范围，其中每株树木的位置可在所定范围内用目测法确定。定点时应注意树群的层次感，配植好中心高边缘低或呈由高到低倾斜状态的林冠线，树丛配植应自然，切忌呆板，尤应避免平均分布、距离相等，邻近的树木不要植成机械的几何图形或一条线。定好点后，用白灰或木桩标明，写上树种、数量和挖穴规格。

2.整齐式（行列式）放线法

对于成片的整齐式种植或行道树的放线，可以绿地的边界、道路的测石或中心线为依据，用仪器、皮尺或测绳定出行位，再按设计图定出的株距，用白灰点标出单株位置，钉上木桩，写明树种名称。

行道树栽植与交通、沿途单位、居民等关系密切。

定点时如遇电线杆、管道等障碍物应避让，不应拘泥于设计尺寸，应遵照植株与障碍物的规定距离来定位（见表2-1、表2-2）。

表2-1　树木与架空线的距离

电线电压强度/V	树枝至电线的水平、垂直距离/m
380	1
3 300～10 000	3

表 2-2　树木与公共设施的距离

设施名称	距乔木中心不小于/m	距灌木中心不小于/m
电杆	2	0.75
地下管线	0.95	0.50
道路侧石外缘	0.75	
变压器	3	
高 2 米的围墙	1	0.5
高 2 米以上的围墙	2	0.5
外墙无窗门	2	0.5
外墙有窗门	4	0.5

注：表中空白处表示道路测石外缘、变压器周围不宜种植灌木。

（三）挖穴

挖穴的质量，对植株以后的生长有很大的影响。树木种植挖穴必须在定点基础上，根据树木根系范围（或土球大小）来确定穴径，根据树种根系类别及地下水位确定穴的深度。

1.挖穴方法

（1）手工操作

一般以锹、十字镐为工具，以定点标记为圆心，按规定的穴径先在地上画圆，沿圆的四周向下垂直挖掘到规定的深度，然后将坑底挖松、弄平。栽植裸根苗木的穴底，挖松后最好在中央堆个小土丘，以便于根系舒展。

（2）机械操作

挖穴机械的种类很多，在工程中应视具体情况灵活选用。操作轴心一定要对准定点位置，挖至规定深度，整平坑底，必要时可加以人工辅助修整。

2.树穴具体要求

（1）树穴的直径（或正方形树穴的边长）应比根系或土球直径大 40 cm。

（2）树穴的深度应与根系或土球直径相等。

（3）乔木穴槽的有效土层至少为 1.0 m，灌木穴槽的有效土层至少为 0.8 m。

（4）穴槽内不符合栽植要求的土质需更换。

（5）穴槽必须垂直下挖，上下口径相等。

（四）选苗

苗木的生长状况受生长环境的影响很大，同一品种、同龄的苗木质量也会相差很大。为确保绿化栽植质量，应对苗木进行选择，所选苗木应根系发达、生长茁壮、无检疫性病虫害，并符合设计要求的规格。不同类型苗木的质量具体要求如下：

1.乔木

总体要求：树干挺直，树冠完整，生长健壮，无病虫害，根系发育良好。其中，阔叶树树冠要茂盛；针叶树叶色苍翠，层次分明；雪松、龙柏等不脱脚。具体选用的乔木规格，胸径在 10 cm 以下，允许偏差±1 cm；胸径 10～20 cm，允许偏差±2 cm；胸径 20 cm 以上，允许偏差±3 cm。高度允许偏差±20 cm，蓬径允许偏差±20 cm。

2.灌木

总体要求：树姿端正优美，树冠圆整，生长健壮，无病虫害，根系茂盛。其中，发枝力较弱的树种，枝不在多，要有上拙下垂、横敧、回折、弯曲等势，观赏性强；花灌木树种，树龄已进入成熟阶段；长绿树种，树冠要丰满。具体选用的灌木规格，高度允许偏差±20 cm，蓬径允许偏差±10 cm，地径允许偏差±1 cm。

（五）掘苗和包装

起掘苗木的质量，直接影响树木栽植的成活率和以后的绿化效果。不当的起掘操作，可使原先优质的苗木，由于伤根过多而降低等级，甚至不能使用。施工中应根据不同的树种，采取适合的掘苗方法。

1.掘苗方法

（1）裸根掘苗

按根系长度的范围挖掘，保留须根，不带土球。此法操作简便，节省人力、运输成本及包装材料，但易损伤须根，而且起掘后至栽植前，容易造成根部失水，一般只适用于处于休眠状态，易于栽活的落叶乔木、灌木和藤本植株。

（2）带土球掘苗

在苗木一定的根系范围内，连土掘起，将根部土壤削成球状，用蒲包、草绳或其他软材料包装起来。由于土球范围内的须根未受损伤，并带有部分原有适合生长的土壤，因此移植过程中植株水分不易损失，对恢复生长很有利。带土球掘苗虽然操作较困难，需要使用包装材料，还增加了运输成本，费工费时，但为保证栽培成活，常绿树、竹类、部分难以栽活的落叶树，以及容易栽活但处于生长季节的落叶树，都必须采用这种方法挖掘苗木。

2.挖掘的规格

裸根树木的根系直径以及带土球树木土球的直径和深度，应按以下规定确定：

（1）树木地径 3～4 cm，根系或土球直径取 45 cm。

（2）树木地径大于 4 cm，地径每增加 1 cm，根系或土球直径增加 5 cm。如地径为 8 cm，根系或土球直径为（8 cm－4 cm）×5＋45 cm＝65 cm。

（3）树木地径大于 19 cm，以地径的 2π 倍（约 6.3 倍）为根系或土球的直径。

（4）无主干树木的根系或土球直径取根丛周长的 1.5 倍。

（5）根系或土球的纵向深度取直径的 70%。

3.挖掘过程与带土球树木的包扎

（1）挖掘裸根树木，采用锐利的铁锹进行。直径3 cm以上的主根，需用锯锯断；小根可用剪枝剪剪断，不得用锄劈断或强力拉断。

（2）挖掘带土球树木，应用锐利的铁锹，不得掘碎土球。土球须包扎结实，包扎方法根据树种、树木规格、土壤松紧度、运输距离等具体条件而定，土球底部直径应不大于土球直径的1/3。

中小型土球一般用草绳进行网络式包扎，网格宽度10 cm左右，腰箍总宽度为土球厚度的1/2以上，包扎牢固，绳距整齐，球形圆整。大型土球用麻绳或棕绳作包扎材料，通常用"二网三腰"形式，即在与中小型土球一样包扎以后，再重复包扎腰箍和网络，最后再加一层腰箍。特小型土球进行简易的西瓜皮式包扎，通常用单道草绳上下依次绕圈（至少绕5圈），然后在中腰另用一道草绳将上下包扎的草绳依次拴住，防止移动脱落。

（六）运输和假植

苗木的运输与假植也对栽植质量有重要影响，实践证明，"随挖、随运、随种"有利于提高栽植成活率。也就是说，在苗木的挖掘、装运和栽植过程中，应尽量缩短时间，应尽量在本地或周边地区采购苗木。

1.运苗

苗木装车前，仔细核对苗木的种类与品种、规格、质量，凡不符合要求的应向供货方提出，予以更换。

（1）裸根苗的装运

车厢板上应铺垫草包、麻袋等物，以防碰伤树根、树皮。装运乔木时，应树根朝前，树梢向后，顺序安放。树梢不得拖地，必要时要用绳子将树梢围拢、吊起，捆绳子处也要用麻片垫上，不勒伤树皮。装完后用遮光布盖严，捆好，保持根部湿润。

（2）带土球苗的装运

提运带土球树木时，绳束应扎在土球下端，不可结在主干基部，更不得结在主干上部。2 m 以下的苗木可以立装；2 m 以上的苗木必须斜放或平放，土球朝前，树梢向后，并用木架将树装好架稳。土球直径大于 20 cm 的苗木只能装一层；小土球可以码放 2～3 层，土球之间必须安放紧密，以防摇动。土球上不准站人或放置重物。

装运树木时，必须轻吊、轻放，不可拉拖。装车树木应合理搭配，不得损伤树木，不得破坏土球；同时必须符合交通规定，不超高、不超宽。

2.假植

树木运到栽植地点后应及时定植。受条件所限不能及时定植的裸根树木要进行假植或培土，带土球树木要注意保护土球。假植期间应根据需要，经常给苗木浇水、喷雾。

（1）裸根苗的假植

裸根苗运到施工现场，若不能及时定植，可临时用遮光布或草包盖严，以防根系失水。若待栽时间较长，则要将裸根苗妥善假植。事先挖 30～40 cm 深、0.5～2 m 宽的假植沟，长度视苗木规格和数量而定；将苗木分类排码斜放沟中，树梢最好向顺风方向，苗根用湿土埋严，若土质干燥，则应适量浇水。

（2）带土球苗的假植

带土球苗木运到工地后，很快可以栽种的可不必假植；若 1～2 天内不能栽完，则应将苗木排放整齐，四周培土，树冠之间用草绳围拢。假植时间较长的，土球间隙也应填土。

（七）移植修剪

1.移植修剪的目的

树木移植时需进行修剪，即移植修剪。移植树木时，不可避免地会损伤一些根系，为使新苗木迅速成活和生长，必须适当剪去地上部分一些枝叶，以减少水分蒸腾，保持植株上、下部分水分代谢的平衡，因此移植修剪也叫平衡修剪。进行移植修剪时，应剪去病虫枝、枯枝以及在移植过程中损伤的枝叶，还要注意结合整形，使树木长成预想的形态，以符合设计要求。

2.移植修剪的原则

修剪应依据树种在绿地中的作用，以及树木本身的生物学特性进行。

（1）乔木

凡具有明显中央领导干的树种，如雪松、广玉兰、水杉等，应尽量保护或保持中央领导干的优势；中央领导干不明显的树种，如香樟、槐、合欢等，可采用疏枝结合短截的方式进行修剪。

（2）灌木

凡具有主干的灌木，其修剪可参照乔木；丛生灌木采用疏枝结合短截的方法，一般树冠应保持内高外低、外密内稀，注意多疏剪老枝。

3.修剪量

移植修剪的修剪量应根据树种、根系、移植季节来确定。

（1）落叶树种

落叶乔木的移植修剪，一般保留至三级分叉，若有过多的骨架枝及二、三级分枝，则可适当疏剪，保留的枝条也可视情况短截，类似于定型修剪的形式，以不损坏原来特有树形为准。萌芽力强、枝条多的灌木树种，则可进行大量的疏剪，特别是对于一些丛生灌木（如迎春、金钟花等），不仅可大量疏剪，留下的枝条还可大量短截；相反，萌芽力弱、枝条少的树种（如白玉兰、鹅掌楸、红枫等），则不能重剪，有的甚至可以基本不剪。

落叶树木在非正常移植季节（一般指夏季）移植时，应加大修剪量，有时只保留一级主枝，这是为了维持其生命力而不得已的做法，对之后恢复树木生长势相当不利。所以，一般情况下应尽量避免在非正常移植季节移植树木。

（2）常绿树种

常绿树种的移植修剪，以不损坏原来的特有树形为准，修剪量一般在原有枝叶的 1/4～1/3；若在夏季移植，则不得不加大修剪量，一般剪去原有枝叶 2/3 左右。对于顶端优势明显的常绿树，如雪松，以及顶芽开花的常绿树，如广玉兰，则一般只用疏剪，不用短截；分枝较多的常绿树（如香樟）往往嫩梢也多，应尽量打去嫩梢，保留老叶。

（八）栽植

1.散苗

将苗木按规定（设计图或定点木桩）散放于定植穴（坑）边，称为散苗。散苗时要轻拿轻放，不得损伤树根、树皮、枝干或土球。散苗速度与栽苗速度相适应，边散边栽，散毕栽完，尽量减少树根曝露时间。散苗过程中假植沟内剩余苗木露出的根系，应随即用土埋严。用作行道树、绿篱的苗木应事先量好高度，按具体高度进一步分级，然后散苗，以保证邻近苗木规格大体一致。其中，与行道树相邻的同种苗木，高度相差不得超过 50 cm，干径相差不得超过 1 cm。对有特殊要求的苗木，应按规定对号入座。散苗后、栽植前要及时与设计图纸核对，发现错误立即纠正。

2.栽苗过程

（1）带土球苗木的栽植

在坑槽内用种植土填至放土球底面的高度，将土球放置在填土面上，定向后方可打开土球包装物，取出包装物，然后从坑槽边缘向土球四周培土，分层捣实，培土高度到土球深度的 2/3 时，作围堰，浇足水，水分充分渗透后整平。如果泥土下沉，则应在 3 天内补填种植土，再浇水整平。

（2）裸根苗的栽植

按根群情况，先在坑槽内填适当厚度的种植土，将根群舒展在坑槽内，周围均匀培土，并将苗木轻轻提起，使根颈部位稍高于地表，然后边培土、边分层捣实，沿坑槽外缘作围堰，并浇水，以水分不再向下渗透为度。

3.栽植注意点

（1）树木定向时，应将丰满完整、姿态优美的观赏面朝向主要视线。

（2）栽植深度，应保证在土壤下沉后根颈（树木主干和根系的交点）和地表等高。

（3）栽植的树木不得倾斜（设计中有特殊规定的例外）。

（4）栽植行列树木，必须横平竖直，树干在一条线上。

二、栽植后的养护管理

（一）灌水

苗木栽好后应立即灌水，让土壤充分吸收水分，促使土壤与根系紧密结合，利于成活。

（二）扶正、封堰

浇第一遍水的第二天，应检查苗木是否有倒、歪现象，发现后应及时扶正，并将苗木固定好。水分渗透后，用锄或耙疏松堰内表土，切断土壤毛细管，以减少水分蒸发，每次浇水后，都应中耕一次。浇水并待水分渗透后，用细土将灌水堰填平。

（三）包扎

为减少枝干蒸发，可用草绳对较大枝干进行包扎。

（四）支撑

为防止被风吹倒，较大苗木栽植后应设立柱支撑。支撑方式有单柱支撑、三角支撑、四脚支撑、扁担支撑和行列式支撑等。支柱要牢固，树木绑扎处应夹垫软质物，绑扎后树干必须保持正直。

1.单柱支撑

一般行道树因受坑槽限制，可用单柱支撑。支柱设在盛行风向的一面，长3.5 m，于栽植前埋入土中1.1 m，支柱中心和树木中心距离35 cm。

2.三角支撑

三角支撑一般适用于中心主干明显的较大树木。先选定支撑位置（宜在树高2/3处），然后将支撑与树干固定，随后用地桩固定支撑端部。其中一根撑干（绳）必须在主风向上位，其他两根可均匀分布。支撑材料可用钢绳、毛竹等。

3.四脚支撑

四脚支撑又名"井"字撑，适用于中心主干不明显的较大树木。用四根横担（长75 cm）和四根杉木桩（长2.1～3 m）进行绑扎支撑，支撑底部四个点应成正方形，支撑柱与地面成75°角。

4.扁担支撑

常用于绿地中孤植树木的支撑。一般支撑桩长2.3 m，打入土中1.2 m，桩位应在根系和土球范围外，水平桩离地1 m。

5.行列式支撑

成排树木，可用绳索或淡竹相互连接，支撑高度宜在1.8 m左右（小苗可适当降低高度），在两端或中间适当位置设置支撑柱。

（五）其他养护管理

（1）对于受伤枝条和栽前修剪不理想的枝条，应进行复剪，对绿篱要进行造型修剪。

（2）注意防治病虫害。

（3）树木栽植完毕后要清理场地，做到文明施工，工完地净。

第三节　非适宜季节种植

当今绿化工程常会遇到在非适宜季节进行施工的问题。此时的绿化施工更要求对每道施工环节做到谨慎细致，并采取相应的技术措施，否则栽植成活率必然不高，难以达到预期的绿化效果，造成经济损失和不良的社会影响。只有认真对待，切实运用和提高栽植技术，才能在非适宜季节顺利、圆满地完成绿化任务。

一、非适宜季节种植的特点

（一）生长期（夏季）种植

此时气温高，植物体的水分蒸发量大，极易导致植物脱水，影响成活率。因此，夏季种植要注意减少植物水分蒸腾，及时补充水分。

（二）休眠期（冬季）种植

此时气温低，日照短，植物处于休眠阶段，易引起冻害。应注意避开冰冻天种植，同时植后注意保暖防冻。

二、非适宜季节种植的技术措施

（一）种前的土壤处理

土壤质量是影响种植成活的关键，非适宜季节种植必须保证土质肥沃疏松、透气性、排水性好。对含有建筑垃圾等有害物质的地块，一定要清除废土，换上适宜植物生长的好土，并扩大树穴。对排水不良的种植穴，可在穴底铺入10～15 cm 砂砾，或设置渗水管、盲沟，以利于排水。

（二）植物材料的选择与技术处理

1.植物材料的选择

要尽可能挑选长势旺盛而健壮、根系发达、无病虫害的树苗。

2.切根处理

对于植株较大的苗木，应提前在原地进行切根，并往根部喷洒 0.001%（10 ppm）萘乙酸，然后覆土，精心养护，待种植时再起挖。

3.选择容器苗

深根性苗木，如火棘、紫藤等，须根较少，根部土球不易起挖完整，在非适宜季节种植往往不易成活，可选择用盆栽或筐栽苗木种植，以确保成活率。

4.临时用苗的技术处理

施工期紧，所选苗木未经切根处理，又不能在春季种植的，应在萌叶前切根，并往根部喷洒 0.001%（10 ppm）萘乙酸，就地覆土，待用苗时再起挖。

（三）施工环节严格把关

1.加大土球规格

在非适宜季节移植苗木，挖掘土球的规格应比正常季节大些，以尽可能减少对根部的伤害。对广玉兰这类须根不发达的肉质根植物，更需如此。

2.适当疏枝

修剪是种植前的重要环节，尤其是对于非适宜季节移植的苗木。疏枝的多少要根据树种和当时天气情况来定，但最大程度的强修剪应至少保留树冠的1/3。常绿阔叶树可摘去50%树叶，但不可伤害幼芽；落叶树可抹去老叶，使其重发新叶；针叶树种如雪松也需适当修剪，以疏枝为主，修剪量可达1/5～2/5。修剪时要注意剪口平滑，剪后涂以保护剂。

3.做到随挖、随运、随种

（1）起苗

夏季起苗最好安排在早晨或下午4点以后，并在起苗之前对树冠喷1∶10的蒸腾抑制剂，以减少植株水分损失。土球的包扎一定要符合规定，要包扎紧密，网络、腰箍要完整，使泥球在运输途中不松散。

（2）运苗

起苗后应及时装运，夏季尽可能就近组织苗源。起运前，应对苗木洒水，用遮光布盖好，以防运输途中植株失水过多。运输最好选择在晚间，苗到现场应轻提轻放，保持泥球完好，选择避光处堆放，并进行叶面喷水。

（3）种植

苗木运到工地之后，应马上组织人员种植。植树穴内先施生根粉，然后用2 kg以磷为主的复合肥料拌土，填至70%左右，再填土至与地面平。

（四）栽后管理

1.浇水

树木栽植后要浇透水，次日进行第二次浇水，水量要足。在夏季更要做到每天喷雾、浇水，叶面要全部喷到，常绿树木喷水尤为重要，要保持二、三级分叉以下树干湿润。

2.树干包扎

用草绳将树干包扎起来，夏季可使树干减少水分蒸腾，保持一定湿度，又可避免树干灼伤；冬季可起防寒保暖作用。

3.地面覆盖

用稻草、树皮等物在树周进行地面覆盖，夏季可降低地表温度，冬季可保暖，这对促进根部的恢复与生长都是极为重要的。

4.搭棚遮阳

夏季时可使用遮阳网。荫棚顶部在上午遮上，以减少日光灼射；黄昏时分卷起，便于植物叶片吸收露水。

5.激素处理

可适当采用赤霉素、2，4-二氯苯氧乙酸（2，4-D）进行根外喷施或树干吊挂，以促进生根和刺激植株生长。

第三章　大树移植与养护

第一节　大树移植概述

随着社会经济的发展以及城市建设水平的不断提高，人们对城市绿化的质量和品位提出了更高的要求，绿地建设水平成为城市宜居水平的标志之一。在绿地建设中，大树移植对美化城市环境、提高居民的生活质量和品位，起到了良好的作用。20世纪90年代以来，大树移植这一课题一直被热议，支持和反对的学界专家各成一派，反对者认为大树移植耗费人力、物力、财力，大树移植后死亡率较高或者生长状态不佳，易造成社会资源和生态资源的严重破坏和浪费；支持者则认为，大树移植在美化城市环境方面的作用极为显著。总的来说，尽管大树移植有许多弊病，但在重要景点和改、扩建工程中，大树移植对景观的整体优化效果是不可或缺的，我们应辩证地看待大树移植这一现象。

一、大树移植的作用

大树移植通常是指对胸径 20 cm 以上的落叶乔木或胸径 15 cm（或高度 6 m）以上的常绿乔木进行移栽的过程（见图 3-1）。由于大树的树龄大、根深、干高、冠大、水分蒸发量大，给移植成活带来很大困难，因此为了保证大树移植后的成活率，应在大树移植前制订科学的方案，遵守相关的技术规范。

图 3-1　大树移植

大树移植的作用有以下几点：

（一）满足短期增绿、快速造景的需求

在园林绿化建设中，大树移植可在短时间内改变一个区域的自然面貌，较快地实现"乔、灌、草"的多层植物群落结构，营造出较好的景观效果，让城市居民提前享受到大树带来的生态效益和景观效益。

（二）满足古树名木转移、保护的需求

在道路建设和老城区改造等城市建设项目中，为了保护大树甚至古树名木等生态资源，有时不得不采取大树移植的技术措施，即在建设动工前将其移植出原生地，转移到其他地方以利于保护。

（三）满足园林造景的艺术需求

在园林规划设计中，为了形成符合设计审美要求的树形、树态，往往需要某种规格、造型的树木，这就需要从异地移植，经过一定时期的培育之后，达到园林造景的艺术要求。

（四）满足苗圃的生产需求

在苗木生产过程中，为了节约苗圃用地，苗圃中的苗木一般是密植。长到一定规格后，相互拥挤的苗木不但会影响生理状态，而且会影响树形、树态，这时需要对大树进行移植，使其有较大的生长空间。

二、大树移植的特点

（一）移植成活困难

首先，大树树龄大、阶段发育程度深，细胞的再生能力下降，在移植过程中被损伤的根系恢复慢。其次，树体在生长发育过程中，根系扩展范围不仅远超出树冠水平投影范围，而且扎入土层较深，挖掘后的树体根系在一般带土范围内包含的吸收根较少，近干的粗大骨干根木栓化程度高，萌生新根能力差，移植后新根形成缓慢。再次，大树形体高大，根系与树冠距离远，在水分的输送上有一定困难；而地上部分的枝叶蒸腾面积大，移植后根系水分吸收与树冠水分消耗之间的平衡失调，如果不能采取有效措施，就会导致树体失水枯亡。最后，大树移植需带的土球重，土球在起挖、搬运、栽植过程中易破裂，这也是影响大树移植成活的重要因素。

（二）移栽周期长

为保证大树移植的成活率，一般要求在移植前的一段时间就做必要的移植处理，从断根缩坨到起苗、运输、栽植以及后期的养护管理，移栽周期少则几个月，多则几年，每一个步骤都不容忽视。

（三）工程量大、费用高

大树树体规格大、移植的技术要求高，单纯依靠人力无法解决，往往需要动用多种机械。另外，为了确保移植成活率，移植后必须采用一些特殊的养护管理技术与措施，因此在人力、物力、财力上都消耗巨大。

（四）绿化效果快速、显著

尽管大树移植有诸多困难，但若能科学规划、合理运用，则可在较短的时间内显现绿化效果，较快发挥城市绿地的景观功能，故在现阶段的城市绿地建设中应用较多。

三、大树移植的基本原理

（一）近似生境原理

树木的生态环境是一个综合体，主要受温度、光照、土壤等因素的影响。若移植后的生境优于或近似原生生境，则移植成功率较高。如果把高山上生长的大树移入平地或把酸性土壤中生长的大树移入碱性土壤环境，则会因生境差异太大而影响移植成功率。因此，移植前，一定要对大树原植地和定植地的环境条件进行调查，对土壤条件进行测定分析，根据调查测定结果决定能否移植。

（二）树势平衡原理

树势平衡是指树木在保持良好生长过程中，地上部分和地下部分须代谢平衡，包括水分平衡、营养平衡等。移植时，根系会有所损伤，根系传送的水分和营养无法满足地上部分生长需要，也就是供低于求。根系需要的一些营养物质也是在地上合成的，地上部分修剪之后也反过来影响根系对营养物质的吸收。因此，大树移植时，一定要适度、适量修根剪枝，使地上部分和地下部分基本保持平衡。

四、大树移植的原则

（一）树种选择原则

1.树种移栽成活易

大树移植的成功与否首先取决于树种选择是否得当。美国树艺学家认为，大树移植比较容易的树种有杨属、柳属、桤木属、榆属、朴树属、椴树属，以及悬铃木、棕榈、紫杉、刺槐、梨等，而核桃、山核桃、白栎等则十分困难。我国的大树移植经验也表明，不同树种在移植成活难易上有明显的差异，极易成活的有杨树、柳树、梧桐、悬铃木、榆树、朴树、银杏、臭椿、槐树、木兰等，较易成活的有香樟、女贞、桂花、厚皮香、广玉兰、七叶树、槭树、榉树等，较难成活的有马尾松、白皮松、雪松、圆柏、侧柏、龙柏、柳杉、榧树、楠木、山茶、青冈栎等，极难成活的有云杉、冷杉、金钱松、胡桃、桦木等。

2.树种生命周期长

大树移植的成本较高，移植后树木应在较长时间内保持大树形态。如果选择寿命较短的树种进行大树移植，那么无论是从生态效应上还是景观效果上，树体不久就进入"老龄化阶段"，损失较大。而对那些生命周期长的树种，即使选用较大规格的树木，其仍可经历较长时间的生长并充分发挥绿化功能和艺术效果。

（二）树体选择原则

1.树体规格适中

大树移植，并非树体规格越大越好、树体年龄越老越好，更不能一味只看树龄，不惜重金从深山老林寻古挖宝。特别是古树，树龄较长，已依赖于某一特定生境，其环境一旦改变，就可能死亡。研究表明，若不采用特殊的管护措施，直径为 10 cm 的树木，在移植后 5 年其根系能恢复到移植前的水平；而一株直径为 25 cm 的树木，移植后需 15 年才能使根系恢复。同时，移植及养护的成本也随树体规格增大而迅速攀升。

2.树体年龄青壮

大多树木，当胸径在 10～15 cm 时，正处于树体生长发育的旺盛时期，其环境适应性和树体再生能力较强，移植后树体恢复时间短，移植成活率高，易成景观。一般来说，树木到了壮年期，其树冠发育成熟且较稳定，最能体现景观设计的要求。从生态学角度看，为保证城市绿地生态环境的长期稳定，也应选择能发挥最佳生态效果的壮龄树木。因此，一般慢生树种应选 20～30 年生，速生树种应选 10～20 年生，中生树种应选 15 年生。一般乔木树种，以高 4 m 以上、胸径 15～25 cm 的树木最为合适。

（三）就近选择原则

树种不同，其生物学特性也有所不同，对土壤、光照、水分和温度等生态因子的要求都不一样，移植后的环境条件应尽量和树种的生物学特性及原生地的环境条件相符。例如，柳树、水杉等适宜在近水地生长，云杉适宜在背阴地生长，油松等则适宜在向阳处栽植。而城市绿地中需要栽植大树的环境条件一般与自然条件相差甚远，选择树种时应格外注意。因此，在进行大树移植时，应根据栽植地的气候条件、土壤类型，以乡土树种为主、外来树种为辅，坚持"就近选择"的原则，尽量避免远距离调运大树，使其在适宜的生长环境中发挥最大优势。

（四）科学配置原则

在移植过程中，应充分突出大树的主体地位。由于大树移植能起到突出景观和强化生态的效果，因此要尽可能把大树配植在主要位置，配植在景观生态最需要的部位，以及能产生巨大景观效果的地方。在公园绿地、居住区绿地等处，大树适宜配植在入口、重要景点、醒目地带作为点景用树，或成为构筑疏林草地的主要成分，或作为休憩区的庭荫树。切忌在一块绿地中过多地应用过大的树木，因为在目前的栽植水平与技术条件下，为确保移植成活率，通常采取强修剪的方法，大量自然冠型遭到损伤的树木集合在一起，景观效果未必理想。大树移植是园林绿地建设中的一种辅助手段，主要起锦上添花的作用，绿地建设的主体应是采用适当规格的乔木与大量的灌木及花、草组合，模拟自然生态群落，增强绿地生态效应。

（五）科技领先原则

为有效利用大树资源，确保移植成功，应充分掌握树种的生物学特性和生态习性，根据不同的树种和树体规格，制订相应的移植与养护方案，选择移植技术成熟的树种，并充分应用现有的先进技术，降低树体水分蒸腾、促进根系萌生、恢复树冠生长，最大限度地提高移植成活率，尽快、更好地发挥大树移植的生态和景观效果。

（六）严格控制原则

大树移植，对技术的要求高，费用大。移植一株大树的费用比种植同种类中小规格树的费用要高十几倍，甚至几十倍，移植后的养护难度更大。大树移植时，要对移植地点和移植方案进行严格的科学论证，移什么树、移植多少，必须精心规划设计。一般而言，大树的移植数量最好控制在绿地树种种植总量的 5%～10%。大树来源更需严格控制，必须以不破坏森林自然生态为前提，最好从苗圃中采购，或从近郊林地中抽稀调整。因城市建设而需搬迁的大树，应妥善安置，以作备用。

第二节　大树移植前的准备

一、选树

首先根据设计规定的树种规格及特定要求，如树形、姿态、花色等进行选树；或者先对能移植的大树进行调查登记，根据调查结果再进行设计。

选树时一般选择能适应当地自然环境条件的乡土树种，树种具有浅根性，再生能力强、移栽成活率较高，经过移植后生长健壮，无病虫害，特别是无蛀干虫害，树冠丰满，树干上有新芽、新梢，并有新生根。

从树木种类和生长发育的规律看，一般情况下，灌木类比乔木易于移植；落叶类比针叶类和阔叶常绿类易于移植；须根发达的比深根、直根类和肉质类易于移植；叶形细小的比叶面积大的易于移植；同种树木，人工种植的比在山野中自生自长的易于移植。

除要从树木本身各方面加以选择外，还要注意树木生长的环境条件。最好选择地势平坦且周围较为开阔的树木，道路能通行吊车、运输车辆；坡地则要求坡度不陡，能站人操作。还应考虑挖掘土球不易松散，地下水位不高，挖掘坑内不积水或至少能排干积水等因素。

对已选好的树木，在现场做好标记，进行编号登记。

二、资料准备

大树移植前必须掌握下列资料：

（1）树木品种、树龄、定植时间、历年养护管理情况，此外还要了解当前的生长情况、发枝能力、病虫害情况、根部生长情况（对不易掌握的要进行探根处理）。

（2）对树木生长和种植地进行调查，掌握树木与建筑物、架空线、共生树木之间的空间关系，确保具备施工、起吊、运输条件。

（3）了解种植地的土质状况，了解地下水位、地下管线的分布，营造良好的生长环境条件，保证树木移植之后能健康生长。

三、制订移植方案

根据以上准备的资料，事先制订移植方案，方案中涉及种植季节，修剪方法和修剪量，挖穴、起树、运输、种植技术与要求，支撑与固定，材料、机具准备，养护管理，应急抢救及安全措施，等等。

四、缩坨断根

大树移植成功与否，与起掘、吊运、栽植及栽后养护管理技术是否正确有密切关系，更取决于所带土球范围内吸收根的多少。为此，对近 5 年内未经过移植或切根的大树，必须在移植前进行缩坨断根（回根、切根）处理，这样可以适当缩小土球体积，减轻土球重量，促使挖掘范围内主根、骨干根上萌生较多的须根。缩坨断根应在移植前 1～3 年的春季、天气刚转暖到萌芽前，和秋季落叶前、根部生长高峰后进行。具体做法是，以干径的 3～5 倍为划圈范围，沿圈挖宽 40 cm、深 50～80 cm（视根的深浅而定）的操作沟，沟内泥土挖出后堆置在沟旁。挖掘时碰到比较粗壮的侧根要用锋利的手锯或修枝剪切断。如遇直径 5 cm 以上的粗根，为预防大树倒伏，一般不切断，于土球壁处进行环状剥皮（宽约 10 cm）后保留，并涂抹 0.001%（10 ppm）的生长素（萘乙酸等），以促发新根。沟挖好后，将拌有肥料的泥土填入并夯实，然后浇足水分。为防止大树被风吹倒，应立三角撑支架。

较难移植的大树的切根，可分期交错进行，一般将围沟分为四段：第一年在树干相对的两段处挖沟，将沟里侧根全部切断，然后填土、夯实、浇水；第二年的春季或秋季，再用同样的方法，挖其余的两段（见图 3-2）。也可将围沟分为六段：第一年间隔开挖其中三段，第二年再挖其余三段。经 1～2 年的养护，根部切口就会长出许多新的须根，即可起掘。

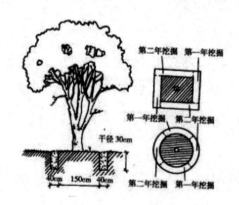

图 3-2　大树缩坨断根

在断根时，对地上部分也要进行轻度的平衡修剪。在大苗培育过程中，缩坨断根应作为苗圃常规管理中的一项固定措施。

五、平衡修剪

影响大树移植成活的关键，是地下部分和地上部分对水分的吸收与蒸发是否平衡。促进须根生长和适当减少枝叶量有利于大树移植成活，因此在移植前须进行树冠修剪。树冠修剪常以疏枝为主，短截为辅，修剪强度应根据树木种类、移植季节、挖掘方式、运输条件、种植地条件等因素来确定。一般常绿树可轻剪，落叶树宜重剪。再生能力强、生长速度快的树种，如悬铃木、杨、柳等可适当重剪；再生能力弱、生长速度慢的树种，如银杏和多数针叶树等，应轻剪。非适宜季节移植应重剪，而适时移植可轻剪。萌芽力强、树龄大、规格大、叶薄而稠密的修剪量可大些，反之可小些。对于某些特定的树种，还可根据具体情况决定修剪强度，如塔枫、白玉兰等，只要剪除枯枝、病虫枝、扰乱树形的枝条即可，既不改变原有的树形，又能保证树木的成活率。

修剪方法及修剪量的确定：一般落叶树可抽稀后进行强截，多留生长枝和萌生的强枝，修剪量可达 3/5～9/10；常绿阔叶树采取收冠的方法，截去外围的枝条，适当抽稀树冠内部不必要的弱枝，多留强壮的萌生枝，修剪量可达 1/3～3/5；针叶树以疏树冠外围枝为主，修剪量可达 1/5～2/5。正常移植时修剪量取前限，非适宜季节移植及特殊情况取后限。

修剪程度可分为全冠式、截枝式、截干式三种。全冠式修剪原则上保留原有的枝干和树冠，只将徒长枝、交叉枝、病虫枝及过密枝剪去，适用于萌芽力弱的树种，如雪松、广玉兰等，栽后树冠恢复快、绿化效果好。截枝式修剪只保留树冠的一级分枝，将其上部枝条全部截去，如香樟等生长较快、萌芽力较强的树种。截干式修剪只适宜生长快、萌芽力强的树种，将植株的整个树冠截去，只留一定高度的主干，如悬铃木等。截干式一般仅限于苗圃操作，实际修剪中应尽可能保留一、二级分枝。

对易挥发芳香油和树脂的针叶树、香樟等，应在移植前一周进行修剪，剪口处涂保护剂。凡 10 cm 以上大伤口应剪平，消毒后涂上羊毛脂等保护剂。

第三节　大树移植的技术措施

一、移植季节

大树移植最好在最适宜移植的季节进行。例如，落叶树一般在 3 月移植，常绿树应在树木开始萌动的 4 月上中旬移植。

不论是常绿树还是落叶树，凡没有在以上时间移植的树木均以非正常移植对待，养护管理则根据非季节移植技术处理。

大树移植一般所带土球规格都比较大，在施工过程中如果按照执行操作规程严格进行，并注意栽植后的养护管理，通常来说任何时间都可以进行大树移植工作。但在实际操作过程中，最佳移植时间是早春，因为随着天气变暖，树液开始流动，树木开始生长、发芽，如果在这个时间挖苗，对根系损伤程度较低，而且有利于受伤根系的愈合生长；苗木移植后，经过从早春到晚秋的正常生长，移植过程中受到伤害的部分也完全恢复，有利于树木躲避严寒，顺利过冬。

在春季树木开始发芽而树叶还没全部长成期间，树木的蒸腾作用还未达到最旺盛时期，此时采取带土球技术移植大树，尽量缩短土球在空气中的曝露时间，并加强栽后养护工作，也能提高大树移植成活率。盛夏季节，树木的蒸腾量大，在此季节移植大树往往成活率较低，在必要时可扩大土球，增加修剪、遮阴等技术措施，尽量降低树木的蒸腾量，这样也可以保证大树的成活率，但花费较多。在南方的梅雨季节，空气中的湿度较大，这样的环境有利于带土球移植一些针叶树种。深秋及初冬季节，从树木开始落叶到气温不低于－15 ℃这一段时间，也可以进行大树移植工作。虽然在这段时间，大树地上部分已经进入休眠阶段，但地下根系尚未完全停止活动，移植时损伤的根系还可以利用这段时间愈合复原，为第二年春季发芽创造有利条件。南方地区，特别是那些常年气温不是很低、湿度较大的地区，一年四季均可移植，而且部分落叶树还可以采取裸根移植法。

二、起掘前的准备工作

（一）浇水

在移植前 1～2 天，根据土壤干湿情况适当浇水，以防挖掘后土壤过干而使土球松散。

（二）定位

根据树冠形态和种植后造景的要求，对树木做好定位记号。

（三）扎冠

为缩小树冠伸展面积，便于挖掘，同时防止枝条折损，应在挖掘前对树冠进行捆扎。收扎树冠时应由上至下、由内至外，依次收紧。大枝扎缚处要垫橡皮等软物，不可拉伤树木。

树干、主枝用草绳或草片包扎，挖树前必须拉好浪风绳，其中一根必须在主风向上位，其他两根可均匀分布。

三、移植方法

（一）带土球软材料包装法

适用于移植胸径 15 cm 左右的大树，土球直径不超过 1.3 m 时可用软材料包装（见图 3-3）。

图 3-3　带土球软材料包装

具体操作流程：

1.挖掘

起掘前，先要确定土球直径。实施过缩坨断根的大树土坨内外生了较多的新根，尤以坨外为多，因此在起掘时，所起土球大小应比断根坨再向外放宽 10～20 cm；未经缩坨断根处理的大树，应以地径 2π 倍或胸径 7～10 倍为土球直径。为减轻土球重量，应将表层土铲除 10 cm 左右，以见侧细根为度，再自根颈处向外逐渐加深铲除表土厚度，形成一定坡度。以树干为圆心，在挖树范围外开沟，沟要垂直挖掘，上下宽窄一致，沟宽以操作方便为宜，遇大根必须用利铲铲断（或手锯锯断），切忌将根划裂。到掘起土球要求的厚度（一般约为土球直径的 2/3）时，用预先湿润过的麻绳扎土球腰箍，两人合作，边扎边用木锤（或砖块）敲打麻绳，以绳略嵌入土球为度，并使每圈麻绳紧靠，总宽度达土球厚度的 1/3（约 20 cm），再系牢。随后在腰箍下约 10 cm 处，以 45°角收底，直至留下 1/5～1/4 的心土，再用预先湿润过的麻绳包扎土球（扎网络）。具体做法是，先将麻绳一头系在树干（或腰箍）上，稍倾斜经土球底沿绕至对面，向上约于球面一半处经树干折回，顺同一方向按一定间隔（疏密视土质而定）绕满土球后，再绕第二遍，并与第一遍的土球面沿处的每道草绳整齐相压，至绕满土球后系牢；再于内腰箍的稍下部捆十几道外腰箍，然后将内外腰箍呈锯齿状穿连绑紧；最后在树推倒方向的穴沿挖一斜坡，将树轻轻推倒，这样树干不会因碰到穴沿而受伤。

2.吊装、运输

大树装运前，应先计算土球重量，以便安排相应的起重工具和运输车辆。

吊装和运输途中，关键要保护好土球，不使其破碎、散开。吊装时应事先准备好直径 3～3.5 cm 的麻绳或钢丝绳，以及蒲包片、碎砖头和木板等。起吊绳必须兜底通过重心，收起浪风绳，树梢以小于 45°角的倾斜状挂在起吊钩上。为防止起吊时因重量过大而使起吊绳嵌入土球，切断网络，应在土球与绳索之间插入宽 20～100 cm 的厚木板。起吊时，如果发现有未断的底根，则应立即停止上吊，用利刃切断底根后方可继续。

起吊的土球装车时，土球向前、树冠向后放在车辆上，土球两旁垫木板或砖块，使土球不会滚动；树身与车板接触处，必须垫软物，并固定牢，以防晃动擦伤树皮；树冠不可与地面接触，以免运输途中树冠受损伤；最后用绳索将树木与车身紧紧拴牢。运输时车上必须有人押运，遇电线等影响运输的障碍物，应采取措施避免触碰。路途远、天气过冷或过热时，根部必须盖草包等物。树木运到目的地后，必须检查树枝和土球损伤情况，以及土球大小与栽植穴大小是否一致。土球若松散漏底，则应在土球漏底的相应部位垒土，使树木吊入栽植穴后不致出现土壤空隙。卸车时的捆绳方法与起吊时相同。按事先编号的位置，将树木吊卸在栽植穴内。

3.栽植

事先在定植点上挖栽植穴，穴的直径比土球直径大 40 cm，深度与土球直径相等。栽植穴必须符合规格，上下大小一致，遇有建筑垃圾及有害物质的土壤，必须适当放大栽植穴，清除垃圾，及时换土。

在挖好的栽植穴底部，先施基肥，并用土堆成 10～20 cm 高的小土堆，大树吊入穴时，使土球立在土堆上。吊树时应使树体直立，慢慢将树放入穴内，并使树冠丰满的一面朝着主要观赏方向。树木入穴定位后，拆除麻绳及蒲包片等包装材料，若取球困难，可将麻绳及蒲包片等剪断、剪碎，然后均匀填入细土，分层夯实。填土至穴坑 2/3 时浇水，若发现有空洞，应及时填土捣实，待水渗下后，再加土至地面，做围堰、灌水。

地势较低处种植不耐水湿的树种时，应采取堆土种植法，即将土球的 4/5 入穴，然后以高出地面的土球为中心，堆土成丘状。这样根系透气性好，有利于伤口愈合和萌发新根。

（二）带土方箱挖掘包装法

适用于移植胸径 15～30 cm 或更大的树木。生长较弱、移植难度较大或非适宜季节移植的大树，则必须用硬材料包装法（即带土方箱挖掘包装法）移植（见图3-4）。

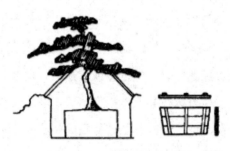

图3-4　带土方箱挖掘包装法

具体操作流程：

1.起掘

起掘前以树干为中心，按预定扩坨尺寸外加 5 cm 划正方形。未经缩坨断根的可按地径 2π 倍，或以树木胸径的 $7\sim10$ 倍，再加 5 cm 为标准划正方形，沿划线的外沿开沟，沟宽度以操作方便为宜，沟深与留土台高度相等。接着铲除疏松的表土，并把土台四壁铲平，遇粗根要用手锯锯断，不可用铁锹硬铲，粗根的锯口应稍陷入土台表面，不可外凸。修平的土台尺寸稍大于边板规格，以保证箱板与土台贴紧，每一侧面都应修成上大下小的倒梯形，一般上下两边相差 $10\sim20$ cm，这样起吊时不会使土块全部集中于箱底，可使部分土块附着在四周箱壁上。然后用四块特制的箱板紧贴土台四侧，并用钢丝绳或螺钉使箱板围紧土台，再将土台底部掏空，装上底板及面板，捆扎牢固。包装完毕后，可用钢丝绳围在木箱下部 1/3 处，粗绳系在树干（应垫物保护）的相应位置起吊，使吊起的树略呈倾斜状（见图 3-5）。最后，装车起运（见图 3-6）。

图 3-5　大树吊装

图 3-6 方箱包大树装车

2.栽植

在栽植地挖树穴，最好也挖成正方形，边长比木箱长 50～60 cm，同时加深 20～25 cm，穴底施基肥，并堆一土堆。树吊入穴中后，放在土堆上扶正，并将姿态最好面朝主要视线（见图 3-7）。随后拆除底板，再拆除面板，开始填土，当土填至穴深的 1/3 处时，拆除四周箱板。再继续填土，每填 20～30 cm 夯实一次，填土至穴深 2/3 时浇水，若发现有空洞，应及时填土捣实，待水渗下后，再加土至地面，做围堰、灌水。

图 3-7 带土方箱大树移植垂直吊放

（三）裸根移植法

适用于移植容易成活、干径在 10～20 cm 的落叶乔木，如悬铃木、臭椿、梧桐、水杉、池杉等。大树裸根移植必须在落叶后至萌芽前当地最适季节进行。

具体操作流程：

1. 重剪

移植前对树冠进行重剪。锯截粗枝应避免划裂，伤口应涂保护剂，锯面应光滑平整，宜呈 45°斜面。

2. 挖掘

采用裸根移植法时，应以地径 2π 倍或以树木胸径的 7～10 倍为根系的直径范围，宜在此范围外开沟，沟宽度以操作方便设定，一般为 60～80 cm。挖掘深度应视根系情况而定，必须挖到根系分布层以下，遇粗根应用手锯锯断，不宜硬铲而引起划裂。挖倒大树后，用尖镐由根颈向外去土，注意尽量少伤树皮和须根，特别是切根后新萌的嫩根。注意根部必须带护心土（宿土）。

3. 装运

用人力或机具装运树木时，应轻起轻放。运输途中，树根与树身要覆盖，以防风吹日晒，尤应保持根部湿润。

4. 栽植

栽植穴应比根的幅度大 40 cm，将树木在运输过程中损伤的枝、根系略加修剪后栽植。穴底先施基肥，并堆一个约 20 cm 高的土堆，放树时使丰满的一面朝着主要观赏方向。树木到位后用细土均匀地填入树穴，特别是根系空隙处，要仔细填满，填至一半时，将树干轻轻上提或摇动，使土壤与根系紧密结合，再夯实土壤并浇水，发现冒气泡或快速渗水处，要及时填土，直到土不再下沉、不冒气泡为止。待水下渗后再加土至地面，即可做围堰、灌水。裸根大树也可用灌浆法移植，即树木到位后，用细土均匀地填入树穴，并边加水边用木棍捣成泥浆状，仔细填满，使土壤与根系紧密结合，直到土不再下沉、不冒气泡为止，这种方法俗称毛泥球灌浆种植。

（四）大树移植机移植法

大树移植机是一种在卡车或拖拉机上装有操纵尾部四扇能张合的匙状大铲的移树机械。先用四扇匙状大铲在栽植点挖好坑穴，将铲张至一定大小向下铲，直至相互并合后，抱起倒锥形土块向上收，并横放于车尾部，运到起树旁卸下。为便于起树操作，应预先把有碍操作的树干基部枝条锯除，用草绳捆拢松散的树冠。将大树移植机停在适合起树的位置，并张开匙状大铲，在树干四周下铲，直至相互并合，收提匙状大铲，将树抱起，树梢向前，匙状大铲在后，横卧于车上；将车开到栽植点，直接对准放入已挖好的栽植穴中，随后适当填土，做围堰、灌水即可（见图3-8）。

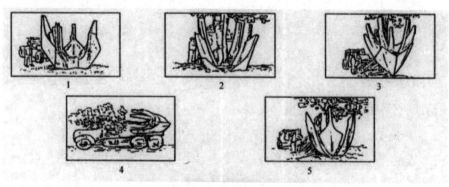

图3-8 用大树移植机移植树木的过程

与传统的大树移植相比，大树移植机移植将原分步进行的环节连成一体，免去了许多费工、费时的辅助操作（如包装等），是今后可以广为普及的一种先进树木移植方法。

第四节 大树移植后的养护管理

大树再生能力没有幼树强，移植后树体生理功能大大降低，树体常常因供水不足、水分代谢平衡被打破而枯萎、死亡。因此，大树移植后，为提高成活率，必须加强后期养护管理。

一、支撑

树木定植后，要用支架、防护栏作支撑，防止因根部摇动、根土分离而影响成活率（见图3-9）。一般来说，支撑形式因地制宜。大树树体较大，支柱与树干相接部分要垫上蒲包片或棕丝，防止磨伤树皮。

大树的支撑形式应结合环境综合考虑，尤其是在园林绿地中更应考虑与环境的协调性，以及是否存在各种安全隐患等。一些绿地中移植的大树，如果支撑杂乱无章，则会影响整体的协调性，用钢丝绳作支撑影响则较小。

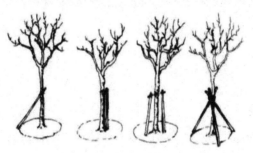

图 3-9 大树的支法

二、围堰浇水

大树移植后应立即围堰浇水，灌一次透水，浇足定根水，保证树根与土壤紧密结合，保持土壤湿润，促进根系发育。一般春季栽植后应视土壤墒情每隔 5～7 天浇一次水，连续浇 3～5 次。灌水后及时用细土封树盘或覆盖地膜保墒，防止表土开裂透风。在生长旺季栽植，因温度高、蒸腾量大，除定植时灌足饱水外，还要经常给移植树洒水和根部灌水。在夏季还要多给地面和树冠喷水，以增加环境湿度，降低蒸腾。移栽后第一年秋季，应追施一次速效肥，次年早春和秋季也至少施肥 2～3 次，以提高树体营养水平，促进树体健壮生长。浇水的方法也可以使用喷灌等，目前在大树移植过程中已经使用，效果较好，特别适用于雪松、香樟等常绿树种的移植。

三、养护

大树移植后的精心养护是确保移植成活和树木健壮生长的重要环节，绝不可忽视。

（一）地上部分保湿

新移植大树根系受损，吸收水分的能力下降，所以保证水分充足是确保树木成活的关键。除适时浇水外，还应根据树种和天气情况对树体进行喷水雾保湿或树干包裹。必要时结合浇水进行遮阴。

1.包裹树干

为了保持树干湿度，减少树皮水分蒸发，可用浸湿的稻草绳、麻包、苔藓等材料严密包裹树干和比较粗壮的分枝，从树干基部密密缠绕至主干顶部，再将调制的黏土泥浆糊满草绳,以后还可经常向树干喷水保湿。北方冬季用草绳或塑料条缠绕树干还可以防风防冻。上述包扎物具有一定的保湿性和保温性,经包干处理后,一可避免强阳光直射和热风吹袭,减少树干、树枝的水分蒸发;二可贮存一定量的水分,使枝干经常保持湿润;三可调节枝干温度,减少高温和低温对枝干的伤害。

2.树冠喷水

树体地上部分,特别是叶面,易因蒸腾作用而失水,必须及时喷水保湿。喷水要求细而均匀,喷及地上各个部位和周围空间,为树体提供湿润的小气候环境。可采用高压水枪喷雾,或将供水管安装在树冠上方,根据树冠大小安装一个或数个喷头进行喷雾。该方法效果较好,但较费工费料。有人采取"吊盐水"的方法,但喷水不够均匀,水量较难控制,一般用于去冠移植的树体。大树抽枝发叶后,仍需喷水保湿。

3.遮阴

在大树移植初期或高温干燥季节,要用荫棚遮阴,以降低棚内温度,减少树体的水分蒸发。在成行、成片种植,密度较大的区域,宜搭制大棚,该方法省材又方便管理。应全冠遮阴,荫棚上方及四周与树冠保持 50 cm 左右距离,以保证棚内有一定的空气流动空间,防止树冠受日灼危害;保证遮阴度为70%左右,让树体接受一定的散射光,以确保树体能进行光合作用;之后视树木生长情况和季节变化逐步去掉遮阴网。

(二)水分与土壤管理

1.控水排水

新移植的大树,其根系吸水功能减弱,对土壤水分需求量较小。因此,只要适当保持土壤湿润即可,土壤含水量过大反而影响土壤的透气性能,抑制根系呼吸,对发根不利,严重的会导致烂根、死亡。为此,一方面要严格控制浇水量，移植时第一次浇透水，以后视天气情况、土壤质地谨慎浇水，同时要慎防对地上部分喷水过多，致使水滴进入根系区域。另一方面，要防止树穴内积水，种植时留下浇水穴，在第一次浇透水后即应填平或略高于周围地面，以防下雨或浇水时积水。同时，要在地势低洼易积水处开排水沟，保证雨天及时排水，做到雨止水干。此外，要保持适宜的地下水位高度（一般要求 1.5 m 以下）。地下水位较高时，要做到网沟排水；汛期水位上涨时，可在根系外围挖深井，用水泵将地下水排至场外，严防淹根。树种不同，对水分的要求也不同，如悬铃木喜湿润土壤，而雪松忌低洼湿涝和地下水位过高，故悬铃木移植后应适当多浇水，而雪松雨季要注意及时排水。

2.提高土壤透气性

保持土壤良好的透气性有利于根系萌发。为此，一方面要做好中耕松土工作，慎防土壤板结；另一方面，要经常检查土壤通气设施（如通气管或竹笼），发现堵塞或积水的，要及时清除，以保持良好的透气性能。

（三）人工促发新根

1.保护新芽

新芽萌发是新植大树成活的标志，更重要的是，树体地上部分的萌发对根系具有自然而有效的刺激作用，能促进根系的萌发。因此，在移植初期，要对重修剪的树体萌发的芽适当加以保护，让其抽枝发叶，待树体完全成活后再修剪整形。同时，在树体萌芽后，要特别加强喷水、遮阴、防病、防虫等养护工作，保证嫩芽、嫩梢的正常生长。

同时，某些去冠移植的大树，萌芽、萌蘖迅速且密集，应及时根据树形要求摘除部分较弱嫩芽、嫩梢，适当保留健壮的嫩芽、嫩梢，除去根部萌发的分蘖条，以免过多的嫩芽、嫩梢消耗水分和养分。

2.生长素处理与根系保护

为了促发新根，可结合浇水加入 200 mg/L 的萘乙酸或 ABT 生根粉（主要成分是吲哚丁酸钾和萘乙酸钠），促使根系提早发育。北方的树木，特别是带冻土移栽的树木，移栽后需要用泥炭土、腐殖土或树叶、秸秆以及地膜等对定植穴树盘进行土面保温，早春土壤开始解冻时再及时把保温材料撤除，以利于土壤解冻，提高地温，促进根系生长。

（四）其他技术措施

新移植的大树抗性减弱，易受自然灾害、病虫害、人和禽畜危害，必须加强防范，具体要做好以下几项防护工作。

1.防病防虫

新植树木抗病虫能力差，要根据当地病虫害发生情况随时观察，适时采取预防措施。坚持以防为主，根据树种特性和病虫害发生、发展规律进行检查，认真做好防范工作。一旦发生病情、虫害，要对症下药，及时防治。

2.科学施肥

对新栽的树木进行施肥可以帮助树木尽快地恢复生长势。大树移植初期，根系吸肥能力低，宜采用根外追肥，一般半个月左右一次。用尿素、硫酸铵、磷酸二氢钾等速效肥料制成浓度为 0.5%～1% 的肥液，选早晚或阴天进行叶面喷施，遇雨天应重喷一次。根系萌发后，可进行土壤施肥，要求薄肥勤施，慎防伤根。

3.夏防日灼，冬防寒

北方夏季气温高，光照强，珍贵树种移栽后应喷水雾降温，必要时应做遮阴伞；冬季气温偏低，为确保新植大树成活，常采用草绳绕干、设风障等方法防寒。长江流域许多地方新移植大树易受低温危害，应做好防冻保温工作，特别要重视热带、亚热带树种北移。因此，在入秋后要控制氮肥，增施磷、钾肥，并逐步延长光照时间，提高光照强度，以提高树体及根系的木质化程度，提高树种的抗寒能力。在入冬寒潮来临前，可采取覆土、地面覆盖、设立风障、搭制塑料大棚等方法加以保护。

新移植大树，也可根据树木本身和环境需要，采取保水措施和挂滴营养液等措施。

总之，新移植大树的养护方法、养护重点，因环境条件、季节、气候、树体的实际情况和树种的不同而有所差异，需要人们在实践中进行不断的分析、总结。只有因时、因地、因树灵活运用，才能收到理想效果。

第四章　园林绿化草坪
施工与养护

第一节　草坪的分类

一、按草种区分

（一）暖季（地）型草坪

暖季（地）型草坪最适宜生长的温度是 26～35 ℃，温度在 10 ℃以下则出现休眠状态。暖季（地）型草耐低修剪，有较深的根系，抗旱、抗热且耐磨损。常见的暖季（地）型草种有狗牙根属（天堂草等）、结缕草属（日本结缕草、中华结缕草、细叶结缕草、沟叶结缕草等）以及假俭草、地毯草、钝叶草等。

（二）冷季（地）型草坪

冷季（地）型草坪主要分布在寒温带、温带及暖温带地区，最适宜生长的温度是 15～25 ℃。冷季（地）型草种的主要特征是耐寒冷，喜湿润、冷凉气候，抗热性差。在严寒的冬季，由冷季（地）型草种建成的草坪仍是一片绿色，与一经霜打就茎叶枯萎、褪绿的暖季（地）型草坪形成鲜明对比。由于观赏期长且持久，冷季（地）型草坪越来越受到人们的青睐。常见的冷季（地）型草种有早熟禾属（草地早熟禾、林地早熟禾等）、羊茅属（苇状羊茅、细叶羊茅等）、剪股颖属（匍匐剪股颖、细弱剪股颖等）、黑麦草属（多年生黑麦草、一年生黑麦草等）。

选择优良的草坪植物是建造草坪的基本条件。优良的草坪植物，要求色泽均一、整齐美观、绿色期长、耐践踏、耐干旱、适应性强。具备这些条件的草种不多，这就需要根据当地环境条件以及所建草坪的功能要求，选择具有合适生长特性的草种，使其充分发挥绿化功能。从其他地区引进新的草种时，要考虑到草种必须适应当地的气候条件，特别要注意当地的最高和最低温度是否超过了该草种所能忍耐的极限温度。此外，还要考虑具体的立地环境和草坪的功能。譬如，在湖畔栽植草坪，应选用耐湿的草种；在林下栽培草坪，应选用耐阴的草种；游憩草坪或运动场草坪，应选用耐践踏、能迅速复苏的草种；观赏草坪应选用叶细、低矮的草种，以达到平整、美观的效果。

不同草种具有不同的特性，在建植草坪时，可以利用草坪草的主要特性来发挥作用。例如，黑麦草成坪速度快，可作为先锋草种；细叶羊茅适合作为观赏草坪的草种。为了综合利用各种草坪植物的特性，可以在草坪建植中利用两种以上的草坪植物组成混合草坪，通过不同草坪植物特性的互补，延长草坪的绿色观赏期，提高草坪的实用效率。譬如，由50%的黑麦草、20%的高羊茅、20%的草地早熟禾和10%的狗牙根组合成的混合草坪，适用于工厂区或体育场地；由80%的早熟禾和20%的黑麦草组合成的混合草坪，适用于高尔夫球场的发球台和球道。

二、按草坪用途区分

（一）游憩草坪

游憩草坪一般面积较大，管理粗放，属开放型，允许游人入内游憩活动（见图4-1）。游憩草坪应选用适应性强的草种。

图 4-1　游憩草坪

（二）观赏草坪

观赏草坪作为景观，专供欣赏，属封闭型。观赏草坪栽培管理精细，以植株低矮，茎叶密集、平整，绿色观赏期长的优良细叶草类最为理想。

（三）运动型草坪

运动型草坪供开展体育活动，一般情况下应选择能经受践踏、耐频繁修剪、有较强根系和快速复苏能力的草种。

（四）固土护坡草坪

坡地和水岸的草坪，应选用适应性强，根系发达，草丛繁密，耐寒、耐旱，抗病虫能力较强的草种，以起到固土护坡的作用。

（五）疏林草坪

树林与草坪相结合的草地，称疏林草坪。疏林草坪多利用地形排水，管理粗放，造价较低。疏林草坪一般铺设在城市近郊或工矿区周围，与疗养区、风景区、森林公园或防护林带等相结合，是现代化城市建设不可缺少的一部分。

此外，林间草地也可供游人活动和休息，草地起伏，明朗开阔，林缘曲折变化，别具风趣。

三、按草坪组合区分

（一）单纯草坪

单纯草坪由一种草坪植物组成。单纯草坪整齐美观，高矮、稠密、叶色等一致，养护管理精细，多用于小面积栽培以作观赏或夹在花坛之中作地被衬景。

（二）混合草坪

混合草坪由多种草坪植物混合播种而成，可按照草坪植物的功能性质和人们的需要合理配植，如将夏季生长良好的草种和冬季抗寒性强的草种混合，将宽叶草种和细叶草种混合，将耐磨性强的草种和耐强修剪的草种混合。草种混合栽培不仅能延长草坪的绿色观赏期，还能充分发挥草坪的防护功能。

（三）缀花草坪

在以禾草植物为主的草坪上，混栽多年生的开花地被植物，称为缀花草坪。例如，在草地上自然点缀种植水仙、石蒜、葱兰、韭兰等地被植物。需要注意的是，点缀植物的种植面积，一般不超过草坪总面积的 1/3，否则有喧宾夺主之嫌。

第二节　园林草坪建植前的
场地准备

一、场地的清理

场地和栽植泥土中的砖石、垃圾和杂草等，既会影响草坪的生长和纯净度，也会破坏剪草机、打孔机等作业机械，还会给草坪带来病害和虫害。所以，在建植草坪前，应清理建植场地，清理后的杂物含量应低于 10%，以为草坪草的生长提供良好的环境。

二、草坪排灌水系统的设置

草坪的排灌水系统是在建植草坪前必须解决好的问题。草坪排灌水系统包括排水和喷灌水两个方面，二者缺一不可。

（一）草坪的排水

1.地表排水

（1）自然排水

这种排水方法比较简单，设置自然排水系统的措施是在整地时有意使场地中心稍高，四周边缘及外围逐步向外倾斜，通常形成 0.2%～0.3% 的排水坡度，最大不宜超过 0.5%。如果是临近路边或建筑物的草坪，则应从屋基或路基处向外倾斜，以利于草坪向外排水。

（2）排水渠

大面积的草坪场地，特别是在坡度较大、暴雨较多的地区，设置排水渠是非常必要的。一般排水渠深 1.2 m，渠边斜度 2∶1，以便于调节较大的水量或持续时间较长的水流。

（3）排水沟

草坪场地通常有一定的自然坡度，地表水水流较大时会迅速地向四周排出。为使流速较大的水流不冲坏四周的地表或路面，应该挖排水沟。排水沟的宽度与深度应根据草坪面积和排水量而定。

（4）排水沙槽

排水沙槽的主要作用是促使水下渗，减轻土壤板结，改良土壤结构，延长草坪寿命。排水沙槽的设置方法：挖宽 10 cm、深 30～40 cm 的沟，沟间距 60～100 cm，并与地下排水系统连接，沟中填满细沙或中沙，用碾滚压实。

大面积的疏林草地或高尔夫球场，应采用自然排水或排水沟、渠排水，以节约费用。

2.地下排水

地下排水，也称非地表排水，基本方法是在地下埋设暗管，或用碎石做成盲沟，排除场地下的积水和表层的渗透水。地下排水系统面积不大，多采用对角线的形式埋设主要排水暗管，在主管的左右斜埋副排水管，构成状如肋骨排列的地下排水体系。副管接入主管应成 45°水平角，高低相差（50～70）∶1。面积较大的草坪，排水主管应平行排列。埋管时，开挖宽 30～40 cm、深 40～50 cm 的沟，埋设管径为 6～8 cm 的暗管，管的四周用碎石或煤渣填入，上面覆盖无纺布，最上面的表层堆置种植土。

（二）草坪的喷灌水

目前，比较先进的草坪喷灌方式，有移动式、半固定式和固定式三种。

1.移动式喷灌

移动式喷灌设施的动力水泵和干管、支管是可移动的，使用时要求喷灌区有天然水源（池塘、小溪等）。这种喷灌方式不需要埋设管道，投资少，机动性强，使用方便、灵活。

2.固定式喷灌

固定式喷灌系统有固定的泵站，以自来水浇灌，干管和支管均埋于地下，喷头可固定于竖管上，也可临时安装。固定式喷灌设备中有一种较先进的地埋式喷头，不用时可藏于窨井里，具有操作方便的特点，相对投资较大。

3.半固定式喷灌

半固定式喷灌的泵站和干管固定，支管可移动，优点介于上述两种喷灌方式之间，适宜大面积草坪使用。

三、种植土壤的改良与消毒

（一）种植土壤的改良

土壤是草坪赖以生长的物质基础，土壤的理化性状直接关系到草坪的质量和观赏价值。建植草坪前除清理场地外，还要认真分析土壤成分和质地，特别注意检查土壤的结构、质地和酸碱度，根据所种草坪草的特性及其对土壤的要求进行土壤改良。

为尽可能地创造肥沃的土壤表层，建植草坪前应全面耕翻土壤，耕翻深度一般不低于 30 cm。翻地时应打碎土块，使土粒直径小于 1 cm。种植前进行整地工作，对质地不良的表土进行改良。例如，表层土壤黏重，应混入 50%～70%含有砂质的砂砾土或粗砂，并施以充足的基肥。施肥以有机肥为主，每 667 m² 施用量为 2 500～3 000 kg，肥料应充分腐熟、粉碎，撒匀后翻入土中；也可每平方米施入由 5～10 g 硫酸铵、30 g 过磷酸钙、15 g 硫酸钾混合而成的化肥。

（二）种植土壤的消毒

为了消灭土壤中的病原菌以及地下害虫，除了在施用肥料时注意不要用未腐熟的有机肥，还可根据具体条件选用合适的消毒剂在种植前对土壤进行消毒。常用的土壤消毒剂有硫酸亚铁溶液，在播种前进行喷洒，浓度为 1%～3%，用药量为 20 g/m²；也可用浓度为 40% 的福尔马林加水 200 倍配成溶液进行喷洒，用药量 150 g/m²。土壤消毒时要注意，不可在用药后马上覆盖或翻入土里，应留有挥发的时间，以免产生药害。以上两种药剂不仅能消灭土壤中的病原菌，还对防治立枯病具有良好效果。同时，可以用浓度为 5% 的辛硫磷颗粒剂与基肥混拌后施入土中，既起到消毒作用，又能杀死肥料中的蝼蛄、蛴螬、地老虎等害虫的卵和幼虫，每吨基肥可混入 0.25 kg 药剂。

四、平整、滚压、浇水

翻耕完成后，就开始进行场地平整，主要包括粗平和细平两项工作。

粗平是按地形进行平整，可整成高低自然起伏的自然式；在粗平之后细平之前，应对平床灌一次透水或滚压两遍，使土壤充分沉降，以确保平整后的地面不会发生变化。

细平是指局部平整，把大块土敲细，将地面低洼之处填土耙平，使整个场地平坦、均匀，为建植草坪做好最后的准备。

第三节　园林草坪建植的方法

一、种子繁殖

用种子繁殖的方法建植草坪优点很多。由于草种体积小、重量轻，贮藏、运输都十分简便易行，并可在短期内形成整齐、均匀、平坦、翠绿的草坪，播种后长出的草苗有完整的根系，对外界环境条件的适应性强，有一定的抗逆能力，同时，播种繁殖省工、省力，因此以种子繁殖建植草坪是国内外普遍采用的建坪手段。

（一）播种前的种子处理

一般色泽正常的新鲜草籽，可直接播种；但对一些发芽困难的，则必须于播种前进行催芽处理。

常用的催芽方法有以下几种：

1.温水浸种法

用草种体积 3 倍的水浸泡草种，浸种的水温和浸种时间要根据草种颗粒的大小、种皮的厚薄而定，如结缕草的种子比草地早熟禾的种子浸泡的水温要高、浸种时间要长。浸种后，将种子捞出晾干，随即播种。

2.堆放催芽法

此法简单易行，特别是对冷季（地）型草种，如草地早熟禾、黑麦草、紫羊茅、剪股颖等，催芽效果好。具体方法：将草种掺入 10～20 倍的河沙中，堆放于室外进行全日照，为了防止水分蒸发，可在沙堆上覆盖一层塑料地膜，堆放 1～2 天后即可播种。

3.化学药剂催芽法

结缕草种子用 0.5%的 NaOH 溶液浸泡 24 小时，用清水冲洗后再播种，发芽率明显提高。

（二）播种期选择

草坪草种的播种期选择，主要考虑发芽的适宜气温，以及能否安全越冬。

1.春播

春季播种，草种发芽早、扎根深，草苗生长健壮，形成草坪快，同时，草苗抗病、抗旱的能力增强。春播适合暖季（地）型草坪草种，如狗牙根、结缕草、假俭草等。

2.秋播

秋播是在秋末冬初、土壤尚未冻结之时播种。特别是在有杂草的土地上，秋播的效果更好，此时多数杂草已进入休眠状态，土壤营养更有利于草坪草生长。秋播特别适合冷季（地）型草坪草种。

（三）播种量的确定

播种量是指单位面积上所播种子的重量。播种量是决定草坪合理密度的基础，会直接影响草坪的质量。只有播种量合适，才能形成优质草坪。

（四）播种方法

草种的播种通常采用撒播法。为了确保种子撒播均匀，应先将场地划成 10 m 宽的长条，把每块地坪的应播量按面积大小换算准确，逐条撒播。要想使撒播均匀，可将每一长条的应播种子分成 2 份，其中一份顺撒，另一份横撒。撒播时，一般须来回重复一次，或纵横重复（也称回纹法、纵横法），见图 4-2。

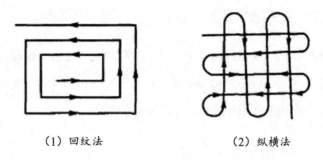

（1）回纹法　　　　　（2）纵横法

图 4-2　草坪播种顺序示意图

播后立即覆盖，以免种子被风吹走。

（五）播后管理

播种后要保持土壤湿润，可根据天气情况每天或隔天喷水，幼苗长至 3～6 cm 时可停止喷水。

二、营养繁殖

（一）匍匐茎繁殖

草坪草中有不少品种拥有匍匐茎，如剪股颖、天堂草、狗牙根、马尼拉草等。可以把匍匐茎切成 3～5 cm 长的草段，每段保留 1～3 个节，将其均匀地撒铺在整平的场地上，覆盖一层薄薄的砂土，压紧耙平，使草段不露出土面，然后经常喷水，养护 30 天左右，即能形成草坪。

采用匍匐茎繁殖，一般在 6～10 月最为适宜，此法具有技术简单、易于操作、成本低、成坪快等优点。

（二）分栽法繁殖

将母本草坪切成 10 cm×10 cm 大小的方块，或切成 5 cm×15 cm 大小的细长条草块，以 20 cm×30 cm 或 30 cm×30 cm 株行距进行分栽，栽好后滚压、浇水。分栽法繁殖一般在 3～9 月进行较好。

（三）草块铺设法繁殖

将选好的优良草坪切成规格一致的正方形（以 30 cm×30 cm 为多），厚度不小于 2 cm，杂草率在 5%以下。将草块按一定顺序一块接一块地铺设，块与块之间保留 0.5 cm 的空隙，边铺边填压。铺栽以后立即浇水，要求浇透，2～3 天后进行滚压，以保证整块草坪平整。最适宜的铺草块时间是春末夏初或秋季。此法成坪快，栽后管理容易，但成本高，草坪易老化。

三、草坪建植新技术

随着科技与绿化工程的结合，草坪建植中越来越多地运用到一些新的技术和工艺。

（一）地毯式草皮的铺设

将事先培养好的优良草坪，按照待铺设地形的变化任意裁剪，一般以长条带状从生产地铲起，卷成草坪卷，成捆地运出铺种。铲草皮和铺草方法与草块铺设法相同。

（二）植生带铺设

工厂生产的植生带已越来越多地被运用到园林工程的绿地建设中，它由草种、肥料和无纺布合成，可直接在斜坡、陡坡上铺建，优点是重量轻、运输方便、出苗齐、成坪快，还能减少杂草，但成本较高。

（三）液压喷播技术

利用装有空气压缩机的喷浆机组，通过较强的压力，将由草籽、肥料、保湿剂以及适量的松软有机物和水等配制成的绿色泥浆液直接均匀地喷送至已经平整的场地或陡坡上，可以快速、便捷地建植草坪。在斜坡、陡坡上采用液压喷播技术建植草坪，不仅能固土护坡、避免水土流失，而且施工方便、省时省工，是大面积铺种草坪的好方法。

（四）植草与镶嵌相结合的技术

根据地形、环境和园林绿化的特殊需要，尤其是在坡度较大的斜坡上或园林步道、停车场、小面积广场上，应用植草与镶嵌相结合的技术，更能获得良好的绿地效果。停车场镶嵌草坪的具体施工程序如下：先夯实地坪，其上铺设用碎石混合河沙做成的疏水层（疏水层厚度：人行道 5 cm，普通车道 15 cm，消防车道 20 cm），在疏水层上铺设由沙、土混合的培养土，随后铺上植草砖或植草格，内填培养土（可由堆肥、沙及园土混合配制而成），播上适宜的草种或栽上草丛。铺设后的地面，近看是停车场，远看是草坪，对保护、改善和美化环境起到一定的积极作用。

四、草坪追播

草坪追播是为使暖季（地）型草坪保持一年四季常绿的景观效果，而于其中追播冷季（地）型草种（如多年生黑麦草）的方法。

追播前应做好草坪修剪、打孔通气、施表层砂土等准备工作。草坪修剪应从仲夏开始，一直持续到秋天草苗生长缓慢为止，其间逐渐降低草坪的修剪高度；在 10 月底进行多次强修剪，使草坪留茬高度在 1～2 cm。春末、夏初是给紧实土壤打孔通气的理想时间，以减少枯草层。少量施洒表层砂土，也是为草坪做追播准备工作的重要环节之一。做好这些工作后，播种前 1～2 周，使用广谱杀菌剂对土壤进行杀菌，同时对草种进行消毒处理，以减少病害，防止杂草生长。

追播草种可用多年生黑麦草，其建植快、耐践踏性强，与一年生早熟禾形成生长竞争，能大大提高草坪追播的成功率。

良好的播种期是草坪追播工作成功的关键，12 cm 深的土温度为 22 ℃的时间，是最为理想的播种时间，这一时间通常是在狗牙根差不多停止生长之后、冻结温度到来之前；更明确的时间是在平均第一次霜冻日期前 2～3 周。为保证出苗率，追播时应加大播种量，一般为 25 g/m²。

草坪追播后，为保持坪床湿润，可用地膜覆盖，出苗后揭去地膜，以保证幼苗生长所需的光照和空气。

第四节　园林草坪的养护管理

草坪的养护管理是草坪正常生长和可持续利用的重要保证。为使草坪保持青翠茂盛、绵软如茵、持久而不萎秃，对草坪进行恰当的养护管理是十分必要的。草坪养护管理的内容主要包括灌水、修剪、施肥、除草、病虫害防治以及其他辅助管理措施等。

一、灌水

水是保证草坪草正常生长的必要物质，灌溉浇水应根据土质、草种、生长期等因素来确定。总体上看，冷季（地）型草坪草比暖季（地）型草坪草需水量多，管理上应加强灌水。

草坪草的需水量还与自身的特征有关。例如，羊茅属草坪草在天气干旱时将叶片卷成针状，减少了水分蒸腾，具有很强的抗旱能力；而剪股颖属的草坪草抗旱性差，干旱时须及时灌水。此外，在砂质土壤上建植的草坪，因土壤保水性差，需定期灌水。根据草坪草的生长习性，冷季（地）型草坪春、秋两季应充分灌水，夏季适量灌水；暖季（地）型草坪夏季应勤灌水。

灌水时要注意一次浇透，不能只浇土层表面，应保证 10～15 cm 土层都湿润，这样才能为草坪草提供充足的水分。如果草坪踩踏严重，土层表面干旱、坚实，则应在浇水前用钉齿耙穿孔，然后灌水。灌水最忌在中午阳光曝晒下进行，应尽可能安排在早上。傍晚浇水，草坪则整夜处于潮湿状态下，容易因高温而引发病害；也可在傍晚浇水后立即喷施杀菌剂，以有效预防病害。

二、修剪

修剪是草坪养护管理中最重要、最基本的工作之一。草坪修剪不仅能控制草坪的高度，使之保持整齐、美观的状态，还能使禾草生长茂盛。

草坪修剪时间和频率，不仅与草坪自身生长发育有关，还与草坪的种类、利用目的有关。一般来说，冷季（地）型草坪有春、秋两个生长高峰，在这两个高峰期应加强修剪；而暖季（地）型草坪的生长高峰期只在夏季，应在夏季加强修剪。

每次修剪时，既不能留草过低，又不能留草过高，修剪高度应由草坪用途决定（见表 4-1）。同时，每次修剪时要遵循"1/3 原则"，即每次剪掉的部分应小于叶片自然高度的 1/3。

表 4-1　各类草坪的留草高度

草坪类型	轧草标准（生长高度）/cm	留草高度/cm
观赏草坪	6～8	2～3
游憩、活动草坪	8～10	2～3
草皮球场	6～7	2～3
护坡草坪	12	1～2

三、施肥

在草坪养护管理中，合理施有机肥和化学肥，对提高土壤肥力、确保草坪质量有重要作用。

一般情况下，应每 1～2 年对草坪施一次腐熟有机肥，如厩肥、堆肥、饼肥等，施肥时间以晚秋至早春的休眠期为宜，应将肥料均匀撒施于草坪地面，施后浇水。在生长季节应对草坪追施含有氮、磷、钾（配比为 2∶1∶1）的复合肥料，冷季（地）型草坪追肥宜在春季和秋季，暖季（地）型草坪追肥宜在晚春，施肥后立即浇水，以洗掉茎叶上的肥料。对刚修剪过的草坪，不宜立即施肥，一般应在修剪后一周进行。

四、除草

对草坪杂草的治理是草坪养护管理工作的重要组成部分。在草坪的日常养护中应及时清除杂草，尽力做到除早、除小、除净。常用的除草方法有人工除草和化学除莠。

（一）人工除草

人工除草是一种传统的除草方法，虽然费时、费力，但对环境没有危害，至今仍被广泛应用。

（二）化学除莠

化学除莠法是采用具有选择性的化学除草剂来消灭某些杂草的方法。4～6月和9～10月是杂草旺盛生长期，此时喷药容易消灭杂草。常用的化学除莠剂有二甲四氯等，使用化学除莠剂应选晴朗无风天气，并以上午9时以后至下午4时以前进行为宜，使用时必须保证人畜及其他花木的安全。

五、病虫害防治

（一）草坪病害防治

草坪植物常由于排水不良或施肥不当而发生真菌性病害。常见的真菌性病害有锈病、草坪叶斑病、草坪褐斑病等，可喷施粉锈宁、百菌清、代森锰锌、力克菌等进行防治。

（二）草坪虫害防治

草坪由于枝叶柔嫩，常吸引和栖息着多种有害昆虫，它们取食草坪、传播疾病、污染草地、侵扰人们的活动，严重影响草坪质量。定期修剪草坪，尤其是将修剪下来的草屑及时运出草坪，可起到驱逐地上昆虫的作用。合理使用药剂也是有效防治草坪虫害的手段之一，常见的食茎叶害虫有稻贪叶夜蛾、稻切叶螟等，可喷施乐斯本、敌百虫等。草坪常见地下害虫有蛴螬、蝼蛄、地老虎等，常用毒死蜱、敌百虫，以灌根方式施入，效果较好，或用敌百虫制成毒饵诱杀。该类成虫多具有趋光性，也可采用灯光诱捕法。

六、草坪辅助管理

要养护一块高质量的草坪，除了进行合理的灌水、修剪、施肥和及时有效地防治病虫害等常规养护管理，还要适时对草坪进行滚压加土、疏松作业等辅助管理措施，这对满足草坪草自身的生长发育、维持草坪的功能和延长草坪使用寿命都是非常重要的。

（一）滚压加土

在早春土壤解冻后，应抓紧对草坪进行滚压。滚压不仅能使松动的禾草根茎与下层的土壤紧密结合，还能改善草坪的平整度。如果草坪已出现高低不平的状态，则应先将低洼处用沙、土和有机肥适当混合后填平，然后进行滚压。

（二）疏松作业

草坪疏松作业是指在适宜时期采用划破草皮、打孔等措施，以改善草坪通气透水性，加快枯草层的分解。通常采用垂直刈剪机（又叫疏草机）划破草皮，冷季（地）型草坪宜在夏末和初秋进行，暖季（地）型草坪则宜在晚春或初夏进行。打孔通常通过打孔机完成，与划破草皮一样，冷季（地）型草坪打孔作业宜在夏末和初秋进行，暖季（地）型草坪打孔作业则宜在晚春和初夏进行，以便于草坪草的恢复。

第五章　园林花坛、花境
施工与养护

第一节　园林花坛施工与养护

　　花坛是花卉植物在园林绿化中的应用形式，其因色彩斑斓、婀娜多姿而引人瞩目，是园林绿化工程中的重要形式之一。尤其是在盛大节日、重要活动期间，各种形式的花坛呈现出一派花团锦簇的景象，更增添了喜庆的氛围（见图5-1）。

图5-1　节日花坛

一、花坛的概念

花坛是指把花期相同的多种花卉或不同颜色的同种花卉，根据图案设计种植在一定轮廓范围内的配植形式。花坛材料以一二年生花卉（或观叶植物）为主。

二、花坛的类型

花坛可根据其形状、性质、布置方式、植物材料等进行分类。以下主要从花坛形状和植物材料两方面进行分类。

（一）按花坛形状分类

花坛按形状可以分为平面花坛和立体花坛两类。

1.平面花坛

平面花坛指从表面观赏其图案与花色的花坛。平面花坛形状多为规则的几何形，这种形式的花坛在园林中运用较多。

2.立体花坛

立体花坛是将一年生或多年生小灌木或草本植物种植在二维或三维的立体构架上而形成的植物艺术造型，是园艺技术和园艺艺术的综合展示。立体花坛能传达各种信息，给人以栩栩如生、生机盎然的观赏效果。

（二）按植物材料分类

花坛按植物材料可以分为花丛花坛、模纹花坛两类。

1.花丛花坛

花丛花坛，也叫集栽花坛，主要由一种花卉材料或几种花期一致、色彩调和的不同种类的花卉配植而成。花丛花坛所选用的花材常以一二年生草花为主，有时也搭配一些宿根花卉，用单种配植往往能产生较为和谐的效果。

2.模纹花坛

模纹花坛又称毛毡花坛，以色彩鲜艳的各种矮生、多花性的草花或观叶草本为主要材料，在一个平面上栽出各种精美图案或装饰纹样，一般设在公园出入口、广场、主要建筑物前、重点装饰场地，还可进行坡地、墙面布置。模纹花坛面积不宜过大，常采用整齐的几何、曲线图案，动物造型或文字来表现，线条简单清晰（见图5-2）。模纹花坛所采用的材料，观叶的要叶细而密，分枝性强，耐修剪，叶色区分明显；观花的要花茎等高，植株矮小，花朵小而密，花期一致，花色区别明显。

图 5-2　模纹花坛

三、平面花坛的施工

（一）整地

栽培花卉的土壤必须深厚、肥沃、疏松。所以在施工前，一定要先整地，将土壤深翻 30～40 cm，挑出草根、石块及其他杂物。如果土质较差，则应换土，并根据需要施加适量经充分腐熟的有机肥作为底肥，施入后进行约 30 cm 深的耕翻，使土肥相融。改良后的土壤应达到园林栽植土花坛土壤主要理化性状质量标准。

为了便于观赏和排水，花坛的土面应高出地面 10 cm，应将其表面根据花坛所处位置和设计要求处理成一定的坡度。若需从四面观赏，则可处理成尖顶状、台阶状、圆丘状等；若只单面观赏，则可处理成一面坡形式。

（二）定点放线

花苗栽植前，按设计图纸，先在地面上准确画出花坛位置和范围的轮廓线，即定点放线。定点放线的形式灵活多样，一般有下列三种。

1.图案简单的规则花坛

图案简单的规则花坛可根据设计图纸，按照设计比例，直接放样。用皮尺量好实际距离，并用灰点、灰线作出明显标记。如果花坛面积较大，则可用方格网放线，即在设计图纸上画好方格，按相应比例放大到地面上。

2.模纹花坛

模纹花坛图形整齐，线条规则，所组成的图案复杂，因此对放线要求极为严格。可用较粗的铁丝，按设计图纸的式样，编好图案轮廓模型，检查无误后，在花坛地面上轻压出清楚的线条痕迹。

3.有连续和重复图案的花坛

有些模纹花坛的图案，是绵延连续和重复布置的。为保证连续和重复图案的准确性，可以用较厚的纸板或薄纤维板，按设计图剪好单个图案模型，在地面上连续描画出来，形成花坛轮廓线。

（三）栽植

1.选苗

为确保花坛质量，所选择的花苗（一二年生草花）应符合下列要求：

（1）具有粗壮、矮化的茎干，基部有 3～4 个强健的分叉。

（2）根系发育良好，生长旺盛。

（3）花蕾露色，开花及时。

（4）花色、花期一致。

（5）无病虫害，无机械损伤，无脱水症状。

（6）观赏期长，在绿地中有效观赏期可保持 45 天以上。

2.起苗

（1）裸根苗应随栽随起，尽量保持根系完整。

（2）带土球苗起苗时应保持土球完整，根系丰满。

（3）容器花苗栽时最好将容器退去，同时保证土球不散。

3.栽植要点

（1）栽花前几天花坛内应充分灌水，待土壤干湿合适时再栽。

（2）栽植花苗应在早晨、傍晚或阴天进行。

（3）确定合理的栽植顺序。单个的独立花坛，应按由中心向外的顺序退栽；一面坡式的花坛，应由上向下栽；植株高低不同的花苗混栽的，应先栽高的，后栽低矮的；宿根花卉、球根花卉与一二年生花卉混栽的，应先栽宿根花卉，后栽一二年生草花；模纹花坛，应先栽好图案的各条轮廓线，然后栽植内部填充部分；大型花坛，可以分区、分块进行栽植。

（4）花苗的栽植间距，以相邻的两株（棵）花苗冠丛半径之和来决定，以栽后不露土面为原则。栽植时尚未长成的小苗，应留出适当的空间待其成长时扩大冠径。模纹花坛，植株间距应适当小些；规则花坛，花卉植株最好错开，呈梅花状排列，也称"品"字形栽植。

（5）花苗的栽植深度以所埋土刚好与根颈处相齐为最好。球根类花卉的栽植深度应更加严格，一般覆土厚度应为球根高度的1～2倍。

四、立体花坛的施工

立体花坛作为园林艺术天地的一朵奇葩，具有独特的优势和旺盛的生命力，具有以下四大特点：

一是观赏性强。尤其是三维空间的作品，由于表现的是富有生命的"雕塑形态"，因此其观赏角度是全方位的，且栽植于介质土层的立面植物会随着时间延长而持续生长、变化色彩，开花的植物也更能展现绚丽多姿的景观效果。

二是展出时间长。立体花坛所用花材量大，各个批次的花苗所处的生长阶段具有连续性，使观赏和展出时间得以延长。

三是作品的构件可重复利用，符合节约资源的环保理念。立体花坛多采用钢结构制作工艺，造型焊接十分精细，故参展结束后的作品构件可通过配植不同的植物多次展出。

四是文化内涵丰富。立体花坛的造型多样，每一件作品都在讲述一个生动的故事，使游人在欣赏精美的"植物雕塑"的同时，也能领悟到各地源远流长的历史文化和地域风情。

立体花坛通常具有特定的外形，为使外形能长时间固定，必须建立坚固的结构。立体花坛外形结构的制作方法是多样的，可根据设计图纸，用各种材料构成相似的外形，然后置以营养土作为栽植基质。

在栽植立体花坛时要注意苗根舒展，苗高相等。立体花坛的栽植密度应稍大些，表面的植物覆盖率至少要达到80%。

目前，立体花坛的用材很多，生长茂盛的矮生花草，如红绿草、彩叶草、银香菊、芙蓉菊、蜡菊、半柱花和景天类花卉，都能制作立体花坛。在立体花坛基座四周，应布置配景植物，以衬托方案的主题和烘托气氛。配景植物可以选择一二年生草花、宿根花卉、观赏草、小灌木等小型植物，如银线芒、石菖蒲、美人蕉和芒草类、蒲苇类植物等。

五、花坛的养护管理

花坛的艺术效果，取决于种植设计、花卉品种的选配以及施工的技术水平。但要想保证花坛花卉生长健壮、开花繁茂、色彩艳丽，就要对花坛加强日常养护管理。

（一）浇水

花苗栽好后，为补充土中水分，应经常浇水。浇水的时间、次数、灌水量则应根据气候条件及季节的变化灵活掌握。若有条件还应实施喷水，特别是模纹花坛、立体花坛，应经常进行叶面喷水。用于花坛的花苗通常都比较娇嫩，浇水时要注意以下几点：

1.浇水时间

每天的浇水时间一般应安排在上午10时前或下午2~4时以后。如果一天只浇一次，则应以傍晚前后为宜，切忌在气温正高、阳光直射的中午浇水。

2.浇水量

每次的浇水量要适度，既不能只浇表面，不管底层；也不能水量过大，使草花因土壤过湿而烂根。

3.水温

浇水的水温要适宜，一般春、秋两季水温不能低于 10 ℃，夏季不能低于 15 ℃。

4.水流量

浇水时应控制流量，不可太急、太大，避免因冲刷而造成土壤流失。

（二）施肥

花坛中草花所需的肥料，主要是整地时所施入的基肥。定植后，也可根据需要进行几次以磷、钾肥为主的追肥。追肥时，不要沾污叶片，施后应及时浇水以冲洗植株，便于植株进行营养成分的吸收。

（三）中耕除草

花坛内的杂草与花苗争肥、争水，既妨碍花苗的生长，又影响观瞻，所以发现花坛杂草就要及时清除。另外，为了保持花坛土壤疏松，利于花苗生长，还应经常中耕松土。中耕深度要适当，注意不要损伤花根，中耕后的杂草及残花、枯叶要及时清除。

（四）修剪

为控制花苗的植株高度，促使茎部分蘖，保证花丛茂密、健壮，以及保持花坛整洁、美观，应适当修剪花苗。一般花卉在开花期间，每周剪除残花 2～3 次；对于花坛中的球根类花卉，花后若及时剪去花梗，清除枯枝残叶，还可促使子球发育良好。模纹花坛、立体花坛更需经常修剪，以保持图案清晰、整齐。

（五）补植

花坛内如果出现缺苗现象，就应及时补植。补植花苗的品种、色彩、规格都应和花坛内的花苗一致。

（六）防治病虫害

花苗生长过程中，要及时防治病虫害。由于草花植株娇嫩，所施用的药剂浓度要适当，以免发生药害。

（七）更换花苗

由于草花生长期短，为了保持花坛良好的观赏效果，要经常更换花苗。

第二节　园林花境施工与养护

一、花境的概念

花境是模拟自然界中林缘地带各种野生花卉交错生长的状态，经过艺术提炼而设计成的宽窄不一的曲线式花带（见图 5-3）。

运用科学手段配植的花境，营造的是"源于自然，高于自然"的植物景观。在公园、居住小区等绿地配植不同类型的花境，能极大地满足人们的观赏需求。配植花境，丰富的植物材料是前提条件。经典的花境可形成丰富的季相景色，达到三季有花的景观效果。花境的植物材料以宿根花卉为主，配以小灌木、球根花卉、一二年生草花、观赏草等。

图 5-3　花境

二、花境的类型

依据地势位置的不同，花境可以分为单面观赏花境和双面观赏花境两种。

（一）单面观赏花境

这是传统的花境形式，可临靠道路设置，宽 2～4 m，常以建筑物、矮墙、树丛、绿篱等为背景，植物配置前低后高，形成一个面向道路的斜面。

（二）双面观赏花境

这种花境通常没有背景，多设在草坪上或树丛间，宽 4～6 m。双面观赏花境中间植物最高，两边逐渐降低，立面有高低起伏错落的轮廓变化。

三、花境的施工

花境是一个模拟自然的植物群落，由于植物品种繁多，形态差异大，因此给花境施工带来了一定难度。只有科学设计，精心培植，才能营造出"虽由人作，宛自天开"的植物景观效果。

（一）整地

花境栽植地的准备工作基本同花坛一样，需要进行翻耕，清除草根、石块等杂物，并施入基肥。经过改良的花境土壤应达到园林栽植土花境土壤主要理化性状质量标准。

（二）放样

花境的放样一般采用以下两种方法：

1.网格法

先在图纸上打上网格，按相应比例放大到栽植花境的地面上，再按图样在实地定位。

2.模具法

将设计好的花境形状，用纸板或薄纤维板事先做成模型，然后将模型放在栽植花境实地，依模型用石灰粉画出实地轮廓线。

（三）栽植

1.选苗

为确保花境质量，所用苗木应达到如下要求：苗木健壮，无病虫害，无机械损伤，无脱水症状，根系发育良好。宿根花卉根上应具有 3～4 个芽；球根花卉应采用休眠期短、花后无须将地下部分挖出养护的种类；观叶植物叶色鲜艳，观赏期长。

2.栽植要点

花境中所种植的植物品种较多，容易混杂，因此在种植前应先将不同品种按设计图纸定位，等确定无误后再进行栽植。其他栽植要求与花坛相同。

四、花境的养护管理

花境选用的花卉品种较多，在日常管理中应根据不同植物的习性进行养护，以保证花境具有长久的观赏效果。

（一）浇水

充分了解花境中不同植物的生态习性，按照不同花卉品种对水分的要求进行浇水。

（二）修剪

为促使花境中的植物两次甚至多次开花，有效保证植株的株形，防止植物间相互侵扰，应及时进行修剪工作，去除枯、病、残花枝叶。

（三）抽稀或补植

在花卉的生长过程中，受各种因素的影响，花境会出现过密或稀疏的现象，此时需及时根据实际情况进行适当抽稀或补苗。

（四）中耕除草

定期进行中耕除草工作，做到土壤疏松、无杂草。

（五）施肥

立地条件较差的花境，为保证植物的长势要定期追肥；每年植株休眠期必须适当耕翻表土层，并施入腐熟的有机肥。

（六）病虫害防治

及时做好病虫害防治工作，以维持花境良好、健康的景观效果，形成整洁的生态小环境。

（七）适当覆盖

对休眠的宿根花卉进行有机物覆盖，确保来年继续形成叶茂花繁的花境装饰景观。

第六章　园林其他绿化种植形式施工

第一节　园林垂直绿化施工

一、垂直绿化的作用

垂直绿化是利用具有卷须、钩刺等特殊结构，具备吸附、缠绕、攀缘特性的攀缘植物，或其他植物材料来美化各类垂直墙面和各种棚架、支柱的一种绿化形式。垂直绿化具有占地少、见效快、绿视率高的优点，不仅能够弥补地面绿化之不足，丰富绿化层次，有助于恢复生态平衡，还可以增强城市及建筑物的艺术效果，使之更显生动活泼，与自然环境更加协调统一。

二、垂直绿化的类型

（一）附壁式

利用植物气生根或吸盘攀缘来美化建筑墙面、围墙、大块裸岩等的一种最常见的垂直绿化形式。利用攀缘植物打破墙面呆板的线条，柔化建筑外观，吸收夏季强烈的太阳直射光。附壁式垂直绿化以吸附类攀缘植物为主，常用的有具吸盘的爬山虎，具气生根的常春卫矛、凌霄等。

（二）篱垣式

利用攀缘植物，把篱架、矮墙、护栏、铁丝网等硬件，以及单调的土木构件改造成枝繁叶茂、郁郁葱葱的绿色围护，既美化环境，又隔音避尘，还能形成令人感到亲切、安静的围合空间。篱垣式垂直绿化常以卷须类及缠绕类植物为主。不同的篱垣应选适宜的材料，竹篱、铁丝网、围栏、小型栏杆以茎柔叶小的草本和柔软的木本为宜，如莺萝、牵牛花、络石等；栅栏绿化若为透景之用，植物种植应以稀疏为宜，可选枝叶细小、观赏价值高的品种，如碧冬茄、莺萝、络石、铁线莲等；若栅栏起分隔空间或遮挡视线之用，应选枝叶茂密、花朵繁多而艳丽的木本植物，如凌霄、蔷薇等；矮墙、石栏杆、钢架等可选缠绕类的金银花、具吸盘的爬山虎等。蔓生类植物如蔷薇、藤本月季、云实等，用于篱垣绿化也很适宜。

（三）棚架式

棚架式垂直绿化的依附物为花架、长廊等立体的土木构架，多用于人们活动较多的场所。棚架的垂直绿化可不拘一格，根据地形、空间和功能灵活安排，但在形式、色彩、风格上应与周围环境相协调。棚架式垂直绿化通常选择卷须类和缠绕类的植物，如紫藤、猕猴桃、葡萄、木通等，一些枝蔓细长的蔓生类植物也是适宜的材料，如木香、蔷薇等。

（四）立柱式

立柱式栽植已成为垂直绿化的重要形式之一，其依附物主要为电线杆、路灯灯柱、高架路立柱、立交桥立柱等。吸附类攀缘植物最适于立柱式造景，一些缠绕类植物也可应用。为达到理想的净化与美化环境的效果，立柱式垂直绿化通常选用适应性强、抗污染且耐阴的爬山虎、络石、金银花、小叶扶芳藤等。

（五）悬蔓式

悬蔓式垂直绿化是攀缘植物的逆反利用。一般使用容器种植藤蔓或软枝植物，不让其枝叶延引向上，而是凌空悬挂，形成别具一格的绿化景观。若进行墙面绿化，可在墙顶做一种植槽，种上小型蔓生植物，如蔓长春花；或在阳台边缘摆几盆蔓生植物，让其自然垂下；或在楼顶四周建种植槽，栽种爬山虎、迎春、连翘、蔷薇、常春藤等拱垂植物，使它们向下悬垂，覆盖楼顶。下垂的枝叶随风摆动，能呈现出典雅浪漫、生机勃勃、动感十足的景观效果。

三、垂直绿化施工的技术要点

（1）制作支架。在选用不具吸盘的植物材料（如五叶地锦）进行墙面或立柱垂直绿化时，需在墙面或立柱外用铁丝网或塑料网制作支架。棚架式绿化需按设计要求制作棚架结构。

（2）开种植槽。垂直绿化宜开沟种植，沟槽大小依土球规格及根系情况而定，一般槽宽 30 cm。

（3）换土施肥。开沟后，必须清除瓦砾和其他土壤垃圾，在沟底施入基肥，上面覆盖一层种植基质，使槽深与土球厚度相符。

（4）苗木修剪。栽植前，应遵循各类植物的生物学特性，在保持基本绿化形态的前提下剪去病弱枝、徒长枝或过密的枝条。

（5）排放。做好准备工作后，将苗木排放在种植槽内，并拆除包装物。

（6）填土夯实。填入种植基质至沟深一半，用木棍将土球四周的松土夯实，然后继续用土填满种植沟并夯实。

（7）浇水。苗木栽植完毕后，必须在当天浇透定根水。

第二节　园林屋顶绿化施工

一、屋顶绿化的意义

　　屋顶绿化是用植物材料来覆盖平台屋顶的一种绿化形式，它是一种融建筑艺术与绿化艺术为一体的综合性现代化技术。屋顶绿化使建筑物的空间潜能与绿色植物的多种效益得到完美结合和充分发挥，不仅能增加绿化覆盖面积，改善城市环境，还能创造一定的经济效益，是城市绿化工程中的崭新领域，具有广阔的发展前景。这种绿化形式在土地资源少、高楼林立、热岛效应强的中心城区作用尤为明显。

二、屋顶绿化的立地条件

　　屋顶绿化与大地隔离，因此供屋顶绿化的土壤不能与地下毛管水连接。没有地下水的上升作用，屋顶种植的植物所需水分完全依靠自然降水和浇灌。受建筑荷重的限制，屋顶供种植的土层厚度较浅，有效土壤水的容量小，土壤易干燥。浅薄的种植土层热容量小，土壤温度变化幅度大，植物根部冬季易受冻害，夏季易受灼伤。屋顶风力也比平地大，故屋顶栽植的植物所受风害的可能性比平地要大得多，较大乔木及不抗风的植物在高层屋顶上种植受到一定限制。由于屋顶绿化种植层的土壤易失水，浇灌相对频繁，易造成养分流失，故需经常补充肥料。总的来说，屋顶栽植除排水良好不易引起湿害、涝害，昼夜温差较大有利于植物营养积累外，综合环境状况对于植物栽培来说，是不够理想的。

三、屋顶绿化施工的技术要点

根据屋顶绿化立地条件的特殊性，在进行屋顶绿化时，必须针对具体的立地条件采取相应的技术措施。

（一）积水和渗漏问题的解决

防水和排水是屋顶绿化的关键措施，在设计时应按屋顶结构设置多道防水设施，妥善做好防、排水工作。

各种植物的根系均具有很强的穿透能力，为防止植物根系生长可能产生的屋面渗漏，应先在屋面铺设 1～2 道耐水、耐腐蚀、耐霉烂的卷材（沥青防水卷材、合成高分子防水材料等）或涂料（如聚氨酯防水材料），作为柔性防水层。其上再铺一层具有足够耐根系穿透功能的聚乙烯土工膜、聚氯乙烯卷材、聚烯烃卷材等，作为耐根系穿刺的防水层。防水层施工完成之后，应进行 24 小时蓄水检验，经检验无渗漏后，再在其上铺设排水层，排水层可用塑料排水板、橡胶排水板、PVC 排水管、陶粒或鹅卵石等材料铺设，排水层上设置隔离层，其目的是将种植层中多余的水及时过滤排出，防止植物烂根，同时将种植层介质保留下来，以免流失，隔离层可采用克重不低于 250 g/m² 的聚酯纤维土工布或无纺布作为铺设材料。最后，在隔离层上铺置种植层。

屋顶四周应砌筑挡墙，挡墙下部留置泄水孔，泄水孔应与落水口连通，形成双层防水和排水系统，以便及时排除屋面积水。

（二）屋顶承重的安全考虑

屋顶绿化的形式应考虑房屋结构的承受能力，必须把安全放在第一位。设计屋顶绿化时应事前了解房屋结构，以平台允许载重量（按 kg/m² 计）为依据，确定种植形式。一定要做到：平台允许承载重量＞一定厚度种植层最大湿重＋一定厚度的防水排水物质重量＋植物重量＋其他物质（如建筑小品等）重量。

屋顶绿化应以绿色植物为主体，各类植物所占屋顶面积的比例应在70%以上。尽量少建建筑小品，必须设建筑小品的，所用材料也应是轻型材质。树槽、花坛等重物应设置在承重墙或承重柱上。

（三）栽培介质的选择

根据屋顶绿化的立地条件，种植层的土壤必须具有容重小、重量轻、疏松透气、保水保肥、适宜植物生长和清洁环保等性能，显然一般土壤很难达到这些要求，因此屋顶绿化通常采用各类介质来配制人工土壤。配制的人工土壤应达到园林栽植土壤的屋顶栽植土质量标准。

栽培介质的重量不仅影响种植层厚度、植物材料的选择，而且直接关系到建筑物的安全。容重小的栽培介质，种植层可以设计厚些，选择的植物也可相应广些。从安全方面讲，不仅要了解栽培介质的干容重，还要测定材料吸足水后的湿容重，以作为设计荷载的依据。

为了保证种植土层既有较大的持水量，又有较好的排水透气性，除了要注意材料本身的吸水性能，还要注意材料粒径的大小。通常情况下，2 mm以上的粒子应占介质总量的70%以上，小于0.5 mm的粒子不能超过5%，做到大小粒径介质的合理搭配。目前，一般选用泥炭、腐叶土、发酵过的醋渣、蛭石、珍珠岩、聚苯乙烯珠粒等材料，按一定的比例配制而成，其中泥炭、腐叶土、发酵过的醋渣为植物生长提供有机质、腐殖酸和缓效肥；蛭石、珍珠岩、聚苯乙烯珠粒可以减少种植介质的堆积密度，有利于保水、透气，以防植物烂根，促进植物生长，还能补充植物生长所需的铁、镁、钾等元素。

（四）植物材料的选择

屋顶绿化中对植物材料的选择应符合屋顶立地条件的特点，所用植物应以阳性喜光、耐寒、抗旱、抗风、适应性强、植株低矮、根系浅、易养护的种类为主，如景天类的佛甲草、凹叶景天等。在植物类型上应以草坪、地被为主，可以穿插点缀一些花灌木、小乔木。

屋顶绿化是提高城市绿化率的有效途径之一，做好屋顶绿化关键在于屋面防水及排水系统的设计，以及施工中各环节的质量控制。只有高度重视防、排水问题，并在技术上予以保证，才能确保屋顶绿化的顺利进行。

第三节　园林水景绿化施工

一、水景绿化的意义

水是生命之源，景观绿化工程更离不开水。园林绿地中的水面不仅起到调节小气候的作用，还能解决园林种植蓄水、排水、灌溉的问题，为开展水上活动创造条件，同时在园林景观的营造方面也很重要。水景绿化工程通常会使园林景观锦上添花。水生植物适应性强，生长迅速，管理粗放，其茎、叶、花、果都有较高的观赏价值，对净化水质、改善生态环境也有着积极的作用，甚至水生植物有时还能为人们提供一些副食品。随着人们对居住环境的重视和对生活环境生态化要求的提高，水景绿化在园林工程中也越来越引起人们的关注。

二、水景绿化施工的技术要点

（1）影响水生植物生长的最重要环境条件之一就是水的深浅。应根据水体的深度，选择耐水湿程度合适的植物，做到适物适水。水生植物根据生态习性的不同，可分为以下几种类型：

①沼生植物。生长在岸边沼泽地带，植物直立挺出水面，如慈姑、芦苇、荷花、千屈菜等，一般生长在水深不到 1 m 的浅水中。

②浮水植物。浮水植物的根生长在水底泥中，但茎浸在水中，叶则漂浮在水面上，如睡莲、菱角等。

③沉水植物。这类植物漂浮在水面或水中，在水景绿化中宜做平静水面的点缀装饰，如金鱼藻等。

（2）根据生长势合理搭配植物，以免造成植物间相互侵害。

（3）根据植物的叶形、叶色、花期合理搭配，使景致协调、色彩丰富。

（4）在水体中种植水生植物时，不宜使植物布满整个水面，一般种植面积不超过水面的 1/3，留出一定的水面空间，可产生倒影效果；也不宜沿岸种满一圈，使景致呆板，而应该有疏有密、有断有续。

（5）为了控制水生植物的生长，平衡景观效果，需在水下安置一些设施，最常见的方法是设置种植槽或采用沉缸的方式种植；还可设计漂浮岛，利用泡沫或竹排浮在水面上的原理，在板上种植植物，底下用绳子固定。

三、人工水景的养护管理

当前一些绿地水景，如喷泉、瀑布、溪流、人工湖等人造水景，一般都独立于城市的天然水系，依靠自来水系统维持，往往只注重外观漂亮，忽视了水体生态规律，缺乏有效的水治理方案。若水体受到大气降尘、枯枝落叶、游客丢弃的杂物等污染，水体就会变质，既影响环境卫生，又影响景观效果。为营建可持续发展的人工生态水景，必须注意下列两点：

（1）人工水景管理，应该从设计、建造时就开始进行，直到后期的养护工作，每一个环节都非常重要。设计是关键，一个好的水景设计方案，要以生态理论为指导，对水体循环、生态关系进行严格把关。建造和实施时，应由相应的部门监督人工水景方案的施工与验收。

（2）推广人工水景生态化技术，进行生态化综合治理。从驳岸、自然水底、水生植物、水生动物各角度综合考虑和设计，减少人工水景的污染源。恢复人工水景的自然状态，以缓坡、林地等取代硬质堤岸，从而恢复水岸的生态环境。水池尽可能采用自然水底，打深井与地下水沟通，以形成水景自净能力。设置循环装置，使水体可以流动、循环、曝氧、复氧。

景观水体和环境水体的治理是一项世界性的难题，近年有了新的发展，即巧妙利用生物链关系，向水体中投放符合水质特性的高效微生物和催化酶，与水中的藻类、原生动物、后生动物、鱼类等组成水体生态系统，使富营养问题得到解决，使水体变得清澈。其原理是利用投入水中的细菌、真菌和酶类分解掉水中的有机污染物、污泥，以及氮、磷化合物，抑制水体的富营养化，使水体得到净化。接着水中的原生动物和后生动物又消耗掉水中富余的细菌、真菌和藻类；原生动物和后生动物的大量繁殖，又为鱼类等水生动物提供了丰富的动物蛋白饵料，促进了水中鱼类的生长。该技术通过自然机制建立和恢复水体良性循环的生态系统、恢复水体的自身净化功能，使水中的污染物转移、转化及降解，最终使水体得到长期、稳定的净化，这是一条水体净化的创新路线。

总之，只有重视水体生态规律，采取有效的生态化综合治理技术，才能达到稳定水体生态的目的，从而形成持久且观赏价值高的水体景观。

第七章　园林绿化养护管理

第一节　园林植物的土壤管理

一、松土除草

（一）松土除草的作用

园林树木立地复杂，有的地方寸草不生，土壤板结；有的地方土壤虽不板结，却杂草丛生。因此，松土除草的作用、要求与方法各不相同。松土是指疏松表土，可切断表层与底层土壤的毛细管联系，以减少土壤水分的蒸发，改善土壤通气状况，促进微生物的活动，加速有机质的分解和转化，从而改良土壤结构，提高土壤的综合营养水平，以利于树木的生长。除草可排除杂草对水、肥、气、热、光的竞争，同时又可增加绿地景观效果，减少病虫害的发生，保护树木的正常生长。

（二）松土除草的时期与方法

松土除草对于幼树尤为重要，二者一般应同时进行，但也可根据实际情况分别进行。松土除草的次数和季节要根据当地的具体条件和树木的生育特点及配植方式等综合考虑。一般情况下，散生与列植的幼树，一年可松土除草2～3次，第一次在开春之后和盛夏之前，在杂草刚出土幼嫩时应及时除掉，最晚在其开花之前将其除掉，防止杂草结籽；第二、三次松土除草在立秋后。生长季松土一般在灌溉或降水后土壤出现板结时进行。在旅游旺季，公共绿地的一些地方被踩踏严重，要及时松土。

松土除草应在天气晴朗或者初晴之后，在土壤不干不湿时进行。松土除草深度应根据树木生长情况和土壤条件而定，树小宜浅松，树大应深松；根颈处宜浅松，向外逐渐加深；沙土浅松，黏土深松；土湿浅松，土干深松。一般松土除草深度为 3～10 cm，大苗 6～9 cm，小苗 3 cm。松土除草的范围可在树盘以内，但要注意逐年扩盘。每年可在盛夏到来之前对大树进行一次松土除草，并要注意割除树身藤蔓。

二、地面覆盖

用活的植物体或有机物覆盖在土壤表面，可防止水分蒸发，减少地表径流，增加土壤有机质；还能调节土温，减少杂草生长，为树木生长创造良好的环境条件。若在生长季进行覆盖，后期再把覆盖的有机物随即翻入土中，还可增加土壤有机质，改善土壤结构，提高土壤肥力。覆盖的材料以就地取材、经济适用为原则。在大面积粗放管理的园林中，还可将草坪修剪下来的草头随手堆于树盘附近，用以覆盖。对于幼龄的园林树木或疏林草地的树木，多仅在树盘下进行覆盖，覆盖的厚度通常以 3～6 cm 为宜，过厚会有不利的影响。

三、土壤改良

土壤改良是采用物理、化学以及生物的措施，改善土壤理化性质，提高土壤肥力的方法。大多数城市园林绿地的土壤，因受各种不良因素的影响，物理性能较差，水、气矛盾突出，主要表现是土壤板结、黏重、耕性差、通气透水不良，因此需要对土壤进行改良。

（一）深翻

1.深翻的适用范围

在荒山荒地、低湿地、建筑的周围、机械压实过的地段，以及土壤的下层有不透水层的地方栽植树木，特别是栽植深根性的乔木时，定植前都应该深翻土壤。对重点布置区或重点树种也应该适时、适量深耕，合理的深翻虽然伤断了一些根系，但由于根系受到刺激后会产生大量的新根，因而提高了吸收能力，促使树木生长健壮。

2.深翻的时期

实践证明，园林树木土壤一年四季均可深翻，但根据各地的气候、土壤条件以及园林树木的特点适时深翻才会收到良好的效果。一般而言，深翻主要在秋末和早春两个时期进行。秋末冬初，地上部分生长基本停止或趋于缓慢，同化产物消耗少，此时根系的生长出现高峰，深翻后的伤根也容易愈合，并发出部分新根。同时，秋翻可松土保墒，利于土壤风化和雪水的下渗。一般秋耕后的土壤比未秋耕的土壤含水量要高3%~7%。春翻应在土壤解冻后及时进行，此时树木地上部分尚处于休眠状态，根系刚刚开始活动，生长较为缓慢，伤根易愈合和再生。春季土壤解冻后水分开始上移，此时土壤蒸发量较大，易导致树木干旱缺水；而且早春时间短，气温上升快，伤根后根系还未来得及很好地恢复，地上部分已经开始生长，需要大量的水分和养分，根系供应的水分和养分往往不能满足地上部分的需要，造成根冠水分代谢不平衡，致使树木生长不良。因此，在春季干旱多风地区，春翻后需要及时灌水，或采取措施覆盖根系，耕后耙平、镇压，春翻深度也比秋耕浅。

3.深翻的次数与深度

深翻作用持续时间的长短与土壤特性有关，一般情况下黏土、涝洼地深翻后容易恢复紧实，因而保持年限较短，可每 1～2 年深翻耕一次；而地下水位低、排水良好、疏松透气的沙壤土保持时间较长，一般可每 3～4 年深翻耕一次。深翻的深度与土壤结构、土质状况以及树种特性有关。土层浅、下部为半风化岩石，或土质黏重、浅层有砾石层和黏土夹层的土壤，地下水位较低的土壤以及深根性的树种，深翻深度宜较深；沙质土壤或地下水位高时可适当浅翻。一般而言，深翻的深度为 60～100 cm，最好距根系主要分布层稍深、稍远一些，以促进根系向纵深及周边生长，扩大吸收面积，提高根系的抗逆性。

4.深翻的方式

园林树木土壤深翻方式，主要有树盘深翻与行间深翻两种。树盘深翻是指在树冠垂直投影线附近挖取环状深翻沟，以利于树木根系向外扩展，这适用于园林草坪中的孤植树和株间距大的树木。行间深翻则是指在两排树木的行中间挖取长条形深翻沟，用一条深翻沟达到对两行树木同时深翻的目的，这种方式多适用于呈行列种植的树木，如风景林、防护林带、园林苗圃等。此外，还有全面深翻、隔行深翻等形式，应根据具体情况灵活运用。各种深翻均应结合施肥和灌溉，可将上层肥沃土壤与腐熟有机肥拌匀填入深翻沟的底部，以改良根层附近的土壤，为根系生长创造有利条件，将生土放在上面可促使生土迅速熟化。

（二）客土栽植

所谓客土栽植，就是将其他地方土质好、比较肥沃的土壤运到本地来，代替当地土壤进行栽植的方式。客土栽植通常在以下情况下进行：①栽植地土质完全不符合树种的生长要求。最突出的例子是在北方种植喜欢酸性土壤的植物时，如杜鹃、山茶、八仙花等，应将局部地段或花盆内的土壤换成酸性土，至少也要加大种植穴或采用大的种植容器，并放入山泥、泥炭土、腐叶土等，还要混拌一定量的有机肥，以符合喜欢酸性土壤的树种的要求。②需要栽植地段的土壤根本不适宜园林树木的生长。例如重黏土、盐碱地及被工厂、矿山排出的有毒废水污染的土壤等，或建筑垃圾清除后土壤仍然板结，土质不良，此时应考虑全部或局部更换肥沃的土壤。

客土栽植应注意的问题：①客土栽植较一般栽植需要的经费多，因此栽植前应做好预算；②应根据具体情况作出合理的、科学的换土设计，并说明换土的深度以及好土的来源、废土的去处；③不能随便挖取耕地土壤和破坏植被；④如果换土量较大，好土的来源较困难，土的质量并不十分理想，可在实施过程中进行改土，如填加泥炭土、腐叶土、有机肥、磷矿粉、复合肥及各种结构改良剂等。

（三）土壤酸碱度的调节

土壤酸碱度主要影响土壤养分的转化与有效性、土壤微生物的活动和土壤的理化性质等，因此与园林树木的生长发育密切相关。通常，当土壤 pH 值过低时，土壤中的活性铁、铝增多，磷酸根易与它们结合形成不溶性沉淀，使磷素养分无效。同时，由于土壤吸收阳性氢离子多，黏粒矿物易被分解，盐基离子大部分遭受雨水淋失，不利于良好土壤结构的形成。相反，当土壤 pH 值过高时，钙对磷酸产生固定效果，使土粒分散，结构被破坏。绝大多数园林树木适宜中性至微酸性土壤，然而在中国许多城市的园林绿地中，酸性和碱性土所占比例较大。一般来说，中国南方城市的土壤 pH 值偏低，北方偏高，所以，土壤酸碱度的调节是一项十分重要的土壤管理工作。

1.土壤的酸化处理

土壤酸化是指对偏碱性的土壤进行必要的处理，使 pH 值有所降低，以符合酸性园林树种的生长需要。目前，土壤酸化主要通过施用释酸物质进行，如施用有机肥料、生理酸性肥料、硫黄粉等。据试验，每亩地施用 30 kg 硫黄粉，可使土壤 pH 值从 8.0 降到 6.5 左右，其酸化效果较持久，但见效缓慢。对盆栽园林树木也可用 1∶50 的硫酸铝钾，或 1∶180 的硫酸亚铁水溶液浇灌植株来降低盆栽土的 pH 值。石膏也可用于 pH 值偏高的土壤的改良，在吸附性钠含量高土壤中使用效果较好，还有利于某些坚实、黏重土壤团粒结构的形成，从而改善排水性能。但是石膏只有在低钙黏土（如高岭土）中才能发挥团聚作用，而在含钙高的干旱和半干旱地区的皂土（如斑脱土）中，不会发生任何团聚反应。在这种情况下，应施较多的其他钙盐，如硫酸钙等。

2.土壤的碱化处理

土壤碱化是指对偏酸性的土壤进行必要的处理，使土壤 pH 值有所提高，以符合一些碱性树种生长的需要。土壤碱化的常用方法是向土壤中施加石灰、草木灰等碱性物质，但以石灰应用较为普遍。调节土壤酸度的石灰是农业上用的"农业石灰"，即石灰石粉（碳酸钙粉），使用时，石灰石粉越细越好，这样可增加土壤内的离子交换强度，达到调节土壤 pH 值的目的。市面上销售的石灰石粉有几十到几千目的细粉，目数越大，见效越快，价格也越贵，生产上一般用 300～450 目的较适宜。

第二节　园林植物的灌排水管理

水是植物体的重要组成部分，是植物生存的重要因素。科学的水分管理是保证树木健壮生长和节约水资源的重要措施之一。

一、园林树木灌溉

（一）灌溉水的质量

灌溉水的质量直接影响园林树木的生长。用于园林绿地树木灌溉的水源有雨水、河水、地表径流、自来水、井水及泉水等。这些水中的可溶性物质、悬浮物质以及水温等各有差异，对园林树木生长有不同影响。例如，雨水中含有较多的二氧化碳、氨和硝酸，自来水中含有氯，这些物质不利于树木生长；地表径流含有较多树木可利用的有机质及矿物元素；河水中常含有泥沙和藻类植物，若用于喷、滴灌时，容易堵塞喷头和滴头；井水和泉水温度较低，易伤害树木根系，需储于蓄水池中，经短期增温充气后方可利用。总之，园林树木灌溉用水以软水为宜，不能含有过多的对树木生长有害的有机、无机盐类和有毒元素及其化合物，一般有毒可溶性盐类含量不超过 1.8 g/L，水温应与气温或地温接近。

（二）灌水时期

园林树木的灌水时期主要由树木在一年中各个物候期对水分的要求、立地的气候特点和土壤的水分变化规律等决定。

1.休眠期灌水

休眠期灌水是在秋冬和早春进行的。在中国的东北、西北、华北等地，降水量较少，冬春严寒干旱，灌水十分必要。秋末冬初的灌水，一般称为灌冻水或封冻水。灌冻水在冬季结冻可放出潜热，提高树木的越冬安全性，并可防止早春干旱，因此华北地区的这次灌水不可缺少，特别是边缘树种或越冬困难的树种，以及幼年树木等，灌冻水更为必要。中国的华北地区，在漫长的冬季雨水很少，加之春季风多，土壤非常干旱，特别是倒春寒比较长的年份早春灌水非常重要，不但有利于树木顺利通过休眠期，为新梢和叶片的生长做好充分的准备，并且有利于开花与坐果。

2.生长期灌水

生长期灌水可分为花前灌水、花后灌水和花芽分化期灌水。

（1）花前灌水

北方早春经常会出现多风少雨的干旱现象，及时灌水补充土壤水分是促进树木萌芽、新梢生长，特别是促进早春开花和提高坐果率的有效措施，同时还可使树木免受春寒和晚霜的危害。盐碱地区早春灌水后进行中耕，还可以起到压碱的作用。花前灌水可在萌芽后结合花前追肥进行，具体时间要因地、因树而异。

（2）花后灌水

多数树木在花谢后半个月左右进入新梢速生期，如果水分不足，则会抑制新梢生长，引起大量落果。特别是北方各地，春旱多风，地面蒸发量大，适当灌水可保持土壤的适宜湿度。花后灌水可促进新梢和叶片生长，扩大同化面积，增强光合作用，提高坐果率，促进果实膨大，对后期的花芽分化也有良好作用。没有灌水条件的地区，也应积极做好保墒措施，如盖草、盖沙等。

（3）花芽分化期灌水

此次灌水对观花、观果类树木非常重要。树木一般在新梢生长缓慢或停止生长时开始花芽的分化，此时正是果实速生期，水分不足会影响果实生长和花芽分化。因此，在新梢停止生长前及时、适量灌水，可以促进春梢生长，抑制秋梢生长，有利于花芽分化及果实发育。

在北京地区，一般年份全年灌水6次，3月、4月、5月、6月、9月和11月各1次。干旱年份、土质不好或者因缺水而引起生长不良时，应增加灌水次数。在西北干旱地区，灌水次数应更多一些。

（三）灌水量

气候条件、树种、规格、生长状况、砧木、土质等都会影响灌水量。灌水时，一定要灌足，切忌表土打湿而底土仍然干燥。灌水量以达到土壤最大持水量的 60%～80%为标准。已达花龄的乔木，大多应浇水令其渗透到 80～100 cm 深处。

目前，果园的灌水量根据不同土壤的持水量、灌溉前的土壤湿度、土壤容重、要求土壤浸湿的深度计算，即：

灌水量＝灌溉面积×土壤浸湿深度×土壤容重×（田间持水量－灌溉前土壤湿度）。

应用此公式计算出的灌水量，还可根据树种、品种、不同生命周期、物候期以及日照、温度、风、干旱持续的长短等因素进行调整，酌增酌减，以更符合实际需要。这一方法在园林中可以借鉴。如果在树木生长地安置张力计，则不必计算灌水量，灌水量和灌水时间均可由真空计数器的读数表示出来。灌水量还可以根据树木的耗水系数来计算，即通过测定植物蒸腾量和蒸发量来计算一定面积和时间内的水分消耗量，并以此确定灌水量。水分的消耗量受温度、风速、空气湿度、太阳辐射、植物覆盖、物候期、根系深度及土壤有效水含量的影响。用水量的近似值可以根据园林树木的经验常数、植物总盖度及蒸发测定值等估算。耗水量与有效水之间的差值，就是灌水量。

（四）灌水方法

正确的灌水方法，不仅能使水分在土壤中分布均匀，保持土壤良好的结构，充分发挥水效，还能节约用水，降低成本。随着科学技术的发展，灌水的方式和方法也在不断改进，正朝着机械化、自动化的方向发展，使灌水效率大幅度提高。根据供水方式的不同，园林树木的灌水可以分为地面灌水（如树盘灌水、沟灌、漫灌等）、地上灌水（如穴灌、喷灌等）和地下灌水（如滴灌、渗灌等）三种。具体的灌水方法总结如下。

1.树盘灌水（围堰灌水）

以树木干基为中心，在树冠垂直投影以内的地面筑圆形或方形的围堰，围堰埂高为 15～20 cm，实际根据具体操作难度而定。灌水前先疏松围堰内土壤，以利于水分下渗和扩散。待围堰内明水渗完后，铲平围堰，将土覆盖，以保持土壤水分。有条件时可以用蒲包或薄膜覆盖。

此法能够节约用水，但浸湿土壤的范围较小，由于树木根系通常比冠幅大 1.5～2.0 倍，因此离干基较远的根系难以得到水分供应，同时此法还有破坏土壤结构、使表土板结的缺点。

2.沟灌

成片栽植的树木，可每隔 100～150 cm 开一条深 20～25 cm 的长沟，将流水引入沟内进行灌溉，水慢慢向沟底和沟壁渗透，灌溉完毕后将沟填平。此法在苗圃中应用较多，属侧方灌溉。沟灌能够比较均匀地浸湿土壤，水分的蒸发量与流失量较少，可以做到经济用水，防止土壤结构的破坏，有利于土壤微生物活动，还可减少平整土地的工作量，便于机械化耕作。因此，沟灌是地面灌溉的一种较合理的方法。

3.漫灌

漫灌是传统的灌溉方法，主要适用于地面平整、规则种植的片林。在片林中可分区筑坡成畦状，在畦内进行灌水，水渗透完后，挖平土埂，适时松土保墒。此方法费水、费劳动力，灌后土壤表层易板结，应尽量避免使用。但在盐碱地使用漫灌的方法具有洗盐、淋盐的作用。

4.穴灌

在树冠投影外侧挖穴，将水灌入穴中，以灌满为度。穴的数量依树冠大小而定，一般为 8～12 个，直径 30 cm 左右，穴深以不伤粗根为准，灌后将土还原。干旱期穴灌，也可长期保留灌水穴而暂不覆土。现代先进的穴灌技术是在离干基一定距离垂直埋置 2～4 个直径 10～15 cm、长 80～100 cm 的瓦管等永久性灌水（也可施肥）设施。若为瓦管，则应在管壁布满渗水小孔，埋好后内装碎石或炭末等填充物，有条件的还可在地下埋置相应的环管并与竖管相连。灌溉时从竖管上口注水，灌满后将顶盖关闭，必要时再打开。这种方法用于地面铺装的街道、广场等，十分方便。此方法用水经济，浸湿的根系土壤范围较宽且均匀，不会引起土壤板结，特别适用于缺水地区。

5.喷灌

喷灌包括人工降雨及对树冠喷水等。人工降雨是灌溉机械化中比较先进的一种技术，但需要人工降雨机及输水管道等全套设备。目前我国正处于进一步推广应用和改进阶段。喷灌的优点很多：一是基本上不会产生深层渗漏和地表径流，可以节约用水 20%以上，在渗漏性强、保水性差的砂土上使用，甚至可节约用水 60%～70%，而且可以很好地控制灌溉量、灌溉时间；二是对土壤结构破坏小，可保持原有土壤的疏松状态；三是可冲洗树冠上的灰尘，使树木鲜亮青翠，喷灌的水花、水雾也是一道美丽的风景，并且可调节绿化区的小气候，减少高温、干风对树木的危害；四是可与施肥、喷药及使用除草剂结合进行；第五是不受地形限制，地形复杂地段也可采用。喷灌的缺点主要有：必须使用机械设备，成本较高；高湿可能增加树木感染白粉病和其他真菌病害的危险；易受风力的影响而喷洒不均匀。

6.滴灌

滴灌是近年发展起来的集机械化与自动化于一体的先进的灌溉技术，是用水滴或微小水流缓慢施于植物根区的灌溉方法。其优点有：一是节约用水，对土壤结构破坏小，在水资源短缺的地区应大力提倡使用。澳大利亚等国的试验表明，滴灌比喷灌节水一半左右。二是可自动灌溉，节约劳动力，并可控制灌溉量，结合灌溉施用营养液。三是适合各种地形，一次安装设备可长期使用。

滴灌的缺点：设备投入高；管道和滴头易堵塞，要求有严格的过滤设备；不能调节小气候，不适于冻结期间应用；在自然含盐量较高的土壤中使用滴灌，容易引起滴头附近土壤的盐渍化，使根系受到伤害。

7.渗灌

渗灌是利用埋在地下的多孔管道输水，水从管道的孔眼中渗出，浸润管道周围的土壤，达到灌溉的目的。此法灌溉的优点是节约用水，灌后土壤不易板结，便于耕作；缺点是设备条件要求较高，在碱性土壤中易造成地面返碱，影响树木生长。

二、园林树木的排水

排水是防涝保树的主要措施。地面长时间积水，会使土壤中氧气含量减少，植物根系的呼吸作用减弱甚至停止。积水也会不同程度地影响树木根系的水分疏导，此时地上部分的蒸腾作用仍在进行，这会导致树木缺水，光合作用不能正常进行。同时，积水使根系中二氧化碳积累，抑制好氧菌的活动，使厌氧菌活跃起来，从而产生多种有机酸和还原物等有毒物质，使树木根系中毒、腐烂。

排水的方法主要有四种，即明沟排水、暗道排水、地面排水和滤水层排水。

（一）明沟排水

明沟排水是指在地面上挖掘明沟，排除径流。它常由小排水沟、支排水沟、主排水沟等组成，在地势最低处设置总排水沟。这种排水系统的布局多与道路走向一致，各级排水沟的走向最好相互垂直，但两沟相交处应成锐角（45°～60°），以利于排水，防止相交处沟道淤塞，且各级排水沟的纵向比降应大小有别。

（二）暗道排水

在地下铺设暗管或用砖石砌沟，排除积水。其优点是不占地面，且不会引起土壤板结，节约用水，但费用较高，一般较少应用。

（三）地面排水

目前，大部分绿地采用的是地面排水至道路边沟的方法。它通过道路、广场等地面汇聚雨水，然后集中到排水沟，从而避免绿地树木被淹。这种方法最经济，但需要精心安排。

（四）滤水层排水

滤水层排水实际就是一种地下排水方法，一般对在低洼积水地以及透水性极差的立地上栽种的树木，或对一些极不耐水湿的树种在栽植初采取这种排水措施。通常在树木生长的土壤下层填埋一定深度的煤渣、碎石等材料，形成滤水层，并在周围设置排水孔，以使积水及时排除。这种排水方法只能小范围使用，起到局部排水的作用。

第三节　园林植物的养分管理

一、肥料的种类

肥料品种繁多，根据肥料的性质及营养成分，可将园林树木用肥大致分为无机肥料、有机肥料及微生物肥料三大类。

（一）无机肥料

无机肥料又称化肥、矿质肥料、化学肥料，是用物理或化学工业方法制成的，其养分形态为无机盐或化合物。无机肥料种类很多，按植物生长所需要的营养元素种类，可分为氮肥、磷肥、钾肥、钙肥、镁肥、硫肥、微量元素肥料等。

无机肥料大多属于速效性肥料，供肥快，养分含量高，施用量少，能及时满足树木生长需要。但无机肥料只能供给植物矿质养分，一般无改土作用，养分种类也比较单一，肥效不能持久，而且容易挥发、流失或被固定。所以，生产上一般以追肥形式使用，且不宜长期单一施用无机肥料，应将无机肥料和有机肥料配合施用。

（二）有机肥料

有机肥料是指天然有机质经微生物分解或发酵而成的一类肥料，也就是中国所称的"农家肥"。其特点是原料来源广，数量大；养分全，但含量低；肥效迟而长，须经微生物分解转化后才能为植物所吸收；改土培肥效果好，但施用量也大，需要较多的劳力和运输力量；对环境卫生有一定影响。有机肥料一般以基肥形式施用，施用前必须采用堆积方式使之腐熟，使养分快速释放，提高肥料质量及肥效，避免肥料在土壤中腐熟时对树木产生不利的影响。

（三）微生物肥料

微生物肥料也称生物肥、菌肥、细菌肥及菌剂等，是由一种或数种有益微生物、培养基质和添加物（载体）培制而成的生物性肥料。菌肥中微生物的某些代谢过程或代谢产物可以增加土壤中的氮、某些植物生长素、抗菌素的含量，或促进土壤中一些有效性低的营养性物质的转化，或者兼有刺激植物的生育进程及防治病虫害的作用。依据生产菌株的种类和性能，微生物肥料大致有根瘤菌肥料、固氮菌肥料、磷细菌肥料、钾细菌肥料、抗生菌肥料、菌根菌肥料及复合微生物肥料几大类。

二、施肥方法

（一）土壤施肥

土壤施肥就是指将肥料施入土壤中，使树木通过根系吸收肥料养分，是传统的施肥方式。

1.土壤施肥的位置

施肥的位置应有利于根系的吸收，因此受树木主要吸收根群分布的控制。一般而言，树木根系的水平伸展范围稍大于树冠垂直投影的圆周直径，吸收根的范围在树冠半径的 1/3～1/2 向外到根梢的距离；吸收根系一般集中分布在 30～60 cm 的土层范围内。国外有一种凭经验估测多数树木根系水平分布范围的方法，即根系伸展半径以地面以上 30 cm 处直径的 12 倍为依据。例如，一棵树地面以上 30 cm 处的直径为 20 cm，它的根系大部分在 2.4 m 的半径内，其吸收根则在离干 0.8 m 的范围以外。当然，根系的伸展范围并不都能通过枝条的伸展情况来确定，有的树木根系至少伸展至冠幅 1.5～3 倍的地方。根系的分布与树龄、树种、土壤类型有关，成年树木比幼年树木根系分布范围大；大乔木一般比小乔木和灌木的根系分布范围大；土层薄、质地黏重、坚硬的土壤根系分布范围小。因此，确定施肥位置时应综合考虑。

根据树木根系的分布状况与吸收功能，施肥的水平位置一般应在树冠投影半径的 1/3 至树冠垂直投影轮廓附近，垂直深度应在密集根层以上 40～60 cm。土壤施肥必须注意三个问题：一是不要靠近树干基部；二是不要太浅；三是不要太深，一般不超过 60 cm。目前，施肥中普遍存在的错误是把肥料直接施在树干周围，这样做不但没有好处，有时还会有害，特别是容易烧伤幼树根颈。

2.土壤施肥方法

（1）沟状施肥

沟状施肥就是挖沟施肥。在吸收根分布的范围内，挖一定长度、宽度和深度的沟，将肥料与适量土壤混合后施入沟内，然后用土壤覆盖，多用于施以有机肥料为主的基肥。在有地面铺装或树盘较小的地方不能进行沟状施肥；沟状施肥会较多地损伤根系，破坏地表，但同时也有深翻土壤、疏松土壤、增加土壤透性的作用。沟状施肥有环状沟施肥、放射沟施肥和平行沟施肥三种方法。

①环状沟施肥。此法是幼树常用的施肥方法，施肥沟的直径一般与树冠的冠径基本相等，沟宽 30～60 cm，深至根系集中分布区底部。将肥料和适量土壤混合后施入沟中，然后用土壤覆盖。施肥前最好松土，每隔 4～5 年施肥一次。此法既经济，操作又简单，但挖沟时易切断水平根，施肥面积较小。也可以进行局部环状沟施肥，即将树冠的地面垂直投影分成 4～8 等份，间隔开沟施肥，此方法对根系的损伤较少。

②放射沟施肥。顺水平根系生长的方向挖沟，根据树冠的半径确定沟的起始位置及长度和宽度，一般以根颈为起点，从树冠半径的 1/3～1/2 处开始，以

等距离间隔挖 4～8 条宽 30～60 cm、深 30～65 cm，深度达根系密集层的内浅外深、内窄外宽的辐射沟，沟挖至略大于树冠投影处。沟的多少视树木的大小而定，大树应多，小树应少。将计算好的施肥量，均匀地施在每个沟中，覆土。下次以本方法施肥时应避开上次的施肥位置。此法伤根少，一般成年树多采用此法施肥。

③平行沟施肥。在树木行间（每行或隔行）开沟，施入肥料，也可结合土壤深翻熟化分层进行。

（2）穴状施肥

在树冠投影外缘附近挖若干个直径为 30 cm 的穴，穴的多少与深度视树木的种类、大小而定，一般约数十个，深度 30～60 cm，围成一圈或交错围成 2～3 圈，把肥料施入穴内，然后覆土。栽在草坪上的树木多采用穴施法，先铲起草皮，将肥料施好后再将草皮还原铺上。此法肥效尚可，但施肥不均匀，也较费工。

（3）打孔施肥

此法是由穴状施肥改进而成的一种方法。通常，大树下面多为铺装地面或种植草坪、地被，不能开沟施肥时，可采用打洞的办法将肥料施入土壤中。此法可使肥料遍布整个根系分布区。方法是每隔 60～80 cm 在施肥区打一个 30～60 cm 深的孔，打孔后将额定施肥量均匀地施入各个孔中，约达孔深的 2/3，然后用泥炭藓、碎粪肥或表土堵塞孔洞、踩紧。如果地面狭窄，则可将洞距缩小到 50～60 cm。可用孔径 5 cm 的螺旋钻打孔，忌用冲击钻打洞，以免使土壤坚实，影响通气性；也可用直径为 3～5 cm 的普通钢钻进行手工打孔。国外一些树木栽培公司，已大量使用现代化的打孔设备，如电钻、气压钻等，不但施肥速度快，而且具有孔壁不太紧实的优点。还有一种本身带有动力和肥料的钻孔与填孔的自动施肥机，由汽油发动机驱动，每分钟可钻孔 4 个左右，其装料箱可容 45 kg 肥料，并通过送料斗将肥料施入孔中。

填入洞穴的肥料最好用林业专用缓释肥料，其次可用以优质有机肥为主的混合肥料，适当配入少量的速效化肥，不能用大量易溶性化肥集中填入洞中，否则会烧伤或烧死植物。如果打孔施肥后树木的生长效果不明显，则应通过探头抽查几个点，看肥料是否施在根系附近，以便采取补救措施。

（4）微孔释放袋施肥

微孔释放袋又称微孔释放包，它把一定量的水溶性肥料热封在双层聚乙烯塑料薄膜袋内，以供施用。袋上有经过精密测定的一定量的"针孔"，针孔的直径和数量决定释放养分的速度。栽植树木时，将袋子放在吸收根群附近，土壤中的水汽经微孔进入袋内，使肥料吸潮，并以液体的形式从孔中溢出供树木根系吸收。这样释放肥料的速度缓慢，施肥量较小，但肥料可以不断地向根系流入，不会像直接进行土壤施肥那样对根系造成伤害。对于沙性土施肥，此种方式可减少流失。微孔释放袋的活性受季节变化影响，随着天气变冷，袋中的水汽也随之减少，最终肥料停止营养释放。到春天气温升高，土壤解冻，袋内水汽再次增加，促进肥料的释放，满足植物生长的需要。对于已定植的树木，也可用 110～115 g 的微孔释放袋，埋在树冠垂直投影线以内约 25 cm 深的土层中，根据树龄大小决定用量的多少。这种微孔释放袋埋置一次，约可满足树木 8 年的营养需要。

（5）液态土壤施肥

液态土壤施肥主要将肥料溶解在水中，使肥料随水进入土壤。运用该方法施撒的肥料分布比较均匀，能更好地被根系吸收利用，提高肥料利用率。此法不伤根系，也不会破坏土壤结构，若通过灌溉系统如喷灌、滴灌为树木施肥，还可节约肥料和劳动力。但是对于容易流失的肥料，如硝酸铵等，运用此方法施肥效果并不好。

（6）地表施肥

生长在裸露土壤上的小树，可以撒施，但必须同时松土或浇水，使肥料进入土层，这样才能获得比较满意的效果。因为肥料中的许多元素，特别是磷和钾不容易在土壤中移动，只保留在施用的地方，会诱使树木根系向地表伸展，从而降低了树木的抗性。

需要特别注意的是，不要在树干 30 cm 以内施化肥，否则会损伤根颈和干基。

（二）根外追肥

根外追肥也称叶面喷肥、叶面追肥，是指在树木生长发育期间将水溶性肥料的低浓度溶液喷施在树冠上，使肥料随水分从枝叶的气孔进入，被树体吸收的方法。叶面喷肥在中国各地早已广泛采用，并积累了不少经验。近年来，喷灌机械的发展，大大提高了叶面喷肥技术的利用率。叶面喷肥简单易行；用肥量小，发挥作用快，可及时满足树木的需求；在缺水季节或缺水地区以及不便施肥的地方（山坡）均可采用。但叶面喷肥并不能代替土壤施肥。土壤中施用有机肥可以改良土壤的理化性质，使土壤疏松、温度提高，改善根系生长的环境，有利于根系生长发育；但是土壤施肥见效慢。由此可见，土壤施肥和叶面喷肥各具特点，可以互补不足，若能运用得当，则既能发挥肥料的最大效用，又能更好地促进树木健壮生长。

叶面喷肥的营养主要是通过叶片上的气孔和角质层进入叶片，而后运送到树体内的各个器官。肥料一般在喷后 15 min 到 2 h 即可被树木叶片吸收利用，但吸收的强度和速度则与环境条件、叶龄、肥料成分、溶液浓度等有关。在湿度较高、光照较强和温度适宜（18～25 ℃）的情况下，叶片吸收得多，运输也快，因而白天的吸收量多于夜晚。幼叶生理机能旺盛，气孔所占面积较老叶大，因此比老叶吸收快。叶背较叶面气孔多，且叶背表皮下拥有较松散的海绵组织，细胞间隙大而多，有利于渗透和吸收，因此一般叶背比叶面吸收快，吸收率也高。所以在实际喷布时，一定要将叶面、叶背喷匀，以利于树木吸收。同一元素的不同化合物，进入叶内的速度也不同。例如，硝态氮在喷后 15 min 可进入叶内，而铵态氮则需 2 h；硝酸钾经 1 h 进入叶内，而氯化钾只需 30 min；硫酸镁要 30 min，氯化镁只需 15 min。溶液的酸碱度也影响渗入速度，碱性溶液中的钾渗入速度较酸性溶液中的钾渗入速度快。此外，气温、湿度、风速和植物体内的含水状况等也影响喷施的效果。可见，叶面喷肥必须掌握影响树木吸收的内外因素，这样才能充分发挥效果。

（三）树干注射营养液

实验证明，当树木营养不良时，尤其是缺少微量元素时，在树干上打孔，注射相应的营养元素，具有很好的效果。例如，在树木出现缺铁性褪绿症时，可以按照每厘米直径 2 g 的比例注射磷酸铁，以增加树体内的铁元素；以每厘米直径 0.4 g 的比例给枝条注射尿素，可提高树体组织的含氮量，而且不产生药害；用 0.25%的钾和磷，加上 0.25%尿素的完全营养液，以每棵苹果树 15～75 g 的量注入树干，可在 24 h 内被树木吸收，其增加的生长量，等于土壤大量施肥的效果。

树干注射营养液的方法是，将营养液装在一种专用的容器中，系在树上，将针管插入木质部乃至髓心，慢慢吊注数小时或数天。这种方法也可用于注射内吸杀虫剂与杀菌剂，防治病虫害。

第八章　园林植物的修剪与整形

第一节　修剪与整形的概念、
意义和依据

一、修剪与整形的概念

修剪是指对植株的某些器官（枝、叶、花、果等）加以疏删或剪截，以达到调节生长、开花结实的目的。整形是指用手锯、修枝剪等工具，以及采取捆绑、盘扎等手段，使乔木、灌木生长成人们所希望的特定形状。

修剪与整形可以提高园林植物的观赏价值，两者密不可分。修剪是整形的重要手段，整形是修剪的主要目的，两者统一于一定的栽培管理要求下。

二、修剪与整形的意义

（一）美化植物外形，提高观赏效果

一般来说，自然植物外形是美的，有较强的观赏效果，但从丰富园林景观的需要来说，自然植物的外形有时是不能满足需求的，必须经过一定的人工修剪与整形。在自然美的基础上，创造出与周围环境和谐统一的景观，更符合人们的观赏特点。例如，现代园林中规则式建筑物前的绿化，就要用具有艺术美和自然美的形体来烘托，也就是说，将植物整修成规则或不规则的特殊形体，才能把建筑物的线条美进一步衬托出来。

从冠形结构来说，经过人工修剪与整形的植株，各级枝序、分布和排列会更科学、更合理，各层的主枝在主干上分布合序、错落有致，各占一定方位和空间，互不干扰，层次分明，主从关系明确，结构合理，形态美观。

（二）增加园林植物的开花结果量

园林植物如果修剪不善，就会使开花部位上移、外移、内膛空虚，影响正常开花结果。修剪可调节植物体养分，使其合理分配，防止徒长，使营养集中供给顶芽、叶芽，促使新梢生长充实，大部分短枝和辅养枝成为花果枝，形成较多的花芽，从而提高花果数量和质量，达到花开满枝的目的。此外，一些花灌木还可以通过修剪达到延长花期的目的。

（三）改善通风透光条件，减少病虫害的发生

自然生长的植物或修剪不当的植株，往往枝条密生，叶片拥挤，树冠郁闭，内膛枝细弱、老化，冠内光照不足，通风不良，相对湿度增加，这为喜湿润环境的害虫（蚜虫、蚧壳虫等）提供了生存空间。修剪、疏枝不仅可增强树冠的通风透光能力，还可提高园林植物的抗逆能力，减少病虫害的发生。

（四）调节园林植物的生长势

园林植物在生长过程中因环境不同，生长情况各异。生长在片林中的树木，由于接受上方光照，因此向南生长，主干高大，树枝短小，树冠瘦长；孤植树木，同样树龄同一种树木，则树冠庞大，主干相对低矮。但在园林绿地中种植的花木，很多生存空间有限，如生长在建筑物旁、假山或池畔的，为了与环境

相协调，需通过人工修剪来控制植株的高度和体量。当然，植物在地上部分的长势还受根系在土壤中吸收水分、养分的影响，如种植在屋顶和平台上的植物，土层浅，养分、水分和空间都不足，可以剪掉地上部分不必要的枝条，控制体量，保证植株正常生长。

修剪可以促进局部生长。由于枝条位置各异，枝条生长有强有弱，会产生偏冠，因此要及早修剪，改变强枝先端方向，开张角度，使强枝处于平缓状态，达到减缓生长或去强留弱的效果。但修剪量不能过大，防止削弱生长势。具体是"促"还是"抑"，因植物种类而异，因修剪方法、时期、株龄等而异，归根到底是既可促使衰弱部分壮起来，也可使过旺部分弱下去。

对于有潜芽、寿命长的衰老植株应当进行适当重剪，结合施肥、浇水使之更新复壮。

（五）协调比例，创造最佳园林景观

在园林中，人们常将不同的观赏植物相互搭配造景，配植在一定的园林空间中或者和建筑、山水、园桥等小品搭配，达到相得益彰的艺术效果，这就需要控制植株的形态和比例。但自然生长的树木往往树冠庞大，不能与这些园林小品相协调，这就需通过合理地修剪与整形来加以控制，及时调节其与环境的比例，保持它在景观中应有的位置。建筑物窗前的绿化，既要美观大方，还要有利于采光，因此，常配植灌木、草本植物或低矮的球形树。与假山相互配合的植物常用修剪与整形的方法控制植株的高度，使其以小见大，衬托山体的高大。就树木本身来说，树冠占整个树体的比例是否得当，直接影响树形观赏效果。因此，合理地修剪与整形可以协调冠高比例，确保观赏效果。

（六）提高园林植物的栽植成活率

在苗木移栽过程中，苗木起运会不可避免地造成根部伤害。苗木移栽后，一旦根部难以及时为地上部分供给充足的水分和养料，就会造成植株水分吸收和蒸腾比例失调。虽然顶芽和侧芽可以萌发，但仍会造成树叶凋萎甚至整株死亡。通常情况下，在起苗之前或起苗之后，需适当剪去劈裂根、病虫根、过长根，疏去病弱枝、徒长枝、过密枝，有些还需要摘除部分叶片，以提高园林植物的栽植成活率。

（七）调节与市政建设的矛盾

在大城市，市政建筑设施复杂，常与街道绿化产生矛盾。尤其是行道树，上有架空线，下有管道电缆线，地面有人流、车流，要使树枝上不挂电线，下不妨碍交通、人流，就要靠修剪与整形来解决。

三、修剪与整形的依据

（一）根据园林绿化目的对该植物的要求进行修剪与整形

在园林绿化中，不同的绿化目的要求植物的修剪与整形方式不同，而不同的修剪与整形措施会产生不同的景观效果，因此，首先应明确园林绿化的目的。例如，同是龙柏，它在草坪上作孤植观赏与在林缘片植作景观背景，就有完全不同的修剪与整形要求，因而具体的整剪方式就有很大的差异，至于用小龙柏作绿篱所采用的修剪与整形方法就更大不相同了。

（二）根据植物的生长发育习性进行修剪与整形

园林植物的修剪与整形必须根据该植物的生长发育习性进行，否则可能达不到既定的目的与要求。修剪与整形时一般应注意以下两方面。

1.植物的生长发育和开花习性

植物种类不同，生长习性差异很大，必须采用不同的修剪与整形措施。例如，自然状态下树冠呈尖塔形、圆锥形的乔木，如雪松、水杉、钻天杨、银杏等，顶芽的生长势特别强，形成明显的主干与侧枝的从属关系，对这一类植物就应采用保留中央干的整形方式，稍加修剪，形成圆柱形、圆锥形等形状；对于一些顶端生长势不太强，但发枝力却很强、易于形成丛状树冠的，如大叶黄杨、小叶女贞、连翘、金银木、贴梗海棠、毛樱桃等，可修剪、整形成圆球形、半球形等形状。对喜光树种，如榆叶梅、碧桃、樱花、紫叶李等，如果为了多开花，就应采用自然开心形的修剪与整形方式。而像龙爪槐、垂枝梅等具有曲垂开展习性的，则应采用将主枝盘扎成水平团组状的方式，以使树冠呈开张的伞形。

植物耐修剪与整形的能力，与其萌芽发枝力和愈伤能力有很大的关系。具有很强萌芽发枝力的植物，大都能耐多次的修剪，如悬铃木、大叶黄杨、贴梗海棠、金叶女贞等。萌芽发枝力弱或愈伤能力弱的植物，如银杏、水杉、梧桐、桂花、玉兰等，则应少修剪或只轻度修剪。

园林中经常要运用修剪与整形技术来调节各部位枝条的生长状况以保持均整的树冠，这就必须根据植株上主枝和侧枝的生长关系来进行。植物枝条间的生长规律：在同一植株上，枝条越粗壮则其上的新梢就越多，制造有机养分及吸收无机养分的能力越强，因而该枝条生长得就更粗壮；反之，弱枝则因新梢少，营养条件差而生长越衰弱，这就导致强枝越强、弱枝越弱。所以，应该用修剪的方式来调节和平衡各主枝间的生长势，采用"对强主枝强剪（即留得短些），对弱主枝弱剪（即留得长些）"的方法，对强主枝加以抑制，使养分转至弱主枝方面来，使强弱主枝达到逐渐平衡的效果。而要调节侧枝的生长势，则应采用"对强侧枝弱剪，对弱侧枝强剪"的原则。这是由于侧枝是开花结实的基础，侧枝生长过强或过弱，都不利于转变为花枝，所以对强侧枝弱剪可适当地抑制其生长，从而集中养分使之有利于花芽的分化。同样，花果的生长发育亦对强侧枝的生长产生抑制作用。对弱侧枝进行强剪，则可使养分高度集中，并借顶端优势的刺激生出强壮的侧枝，从而达到调节侧枝生长的效果。

另外，植物花芽的着生方式和开花习性有很大差异，有的是先开花后发叶，有的是先发叶后开花，有的是单纯的花芽，有的是混合芽，有的着生于枝的中部或下部，有的着生于枝梢。这些差异都是修剪时应该考虑的，否则可能造成较大的损失。

2.植株的年龄

植株处于幼年期时，由于具有旺盛的生长势，所以不宜进行强修剪，否则会使枝条在秋季不能及时成熟而降低抗寒力，同时也会导致开花延迟。对幼龄小树除特殊需要外，不宜强剪，只宜弱剪，以求扩大树冠，快速成型。成年期树木正处于旺盛的开花结实阶段，此期树木具有完整优美的树冠，这个时期修剪与整形的目的在于保持植株健壮完美，使树木能长期繁茂，关键在于配合其他管理措施，综合运用各种修剪方法，达到调节均衡的目的。衰老期树木，因其生长势衰弱，每年的生长量小于死亡量，处于向心生长更新阶段，所以，修剪时应以强剪为主，以刺激其恢复生长势，并利用徒长枝来达到更新复壮的目的。

（三）根据树木生长地的环境条件与特点进行修剪与整形

树木的生长发育与环境条件关系密切，因此，即使具有相同的园林绿化目的，人们也会综合考虑环境条件，在具体修剪与整形时采取不同的措施。例如，同是一株独植的乔木，在土地肥沃处以整剪成自然式为佳，而在土壤瘠薄或地下水位较高处则应适当降低分枝点，使主枝在较低处即开始构成树冠；而在多风处，主干也宜降低高度，并使树冠适当稀疏，增加透风性，以防折枝和倒伏；在冬季长期积雪地区，应对枝干易折断的植物进行重剪，尽量缩小树冠的面积，防止大枝被积雪压断。

疏枝可使邻近的其他枝条的生长势增强，并有改善通风透光状况的效果；强剪可使所保留下的芽得到较强的生长势；弱剪对生长势的加强作用较强剪小。当然，这种刺激生长的影响是仅就一根枝条而言的。实际上，各芽所表现出的生长势还受邻近各枝以及上一级枝条和环境条件的影响。

另外，在游人众多的景区或规则式园林中，修剪与整形应当尽量精细，并适当进行艺术造型，使景色多姿多彩、充满生气。

第二节　园林植物修剪与整形的方式、程序和时期

一、修剪与整形的方式

（一）剪口芽的处理

在修剪具有永久性各级骨干枝的延长枝时，应特别注意剪口与其下方芽的关系。正确的剪法是斜切面与芽的方向相反，其上端与芽的顶端相齐，下端与芽的腰部相齐。这样剪口面不大，又利于对芽供应养分、水分，使剪口面不易干枯且可很快愈合，芽也会抽梢良好。如果形成过大的切口，切口下端到芽基部的下方，就会导致水分蒸腾过烈，严重影响芽的生长势，甚至可使芽枯死。技术不熟练的工作人员易剪损芽体，或遗留下一小段枝梢，为病虫的侵袭打开门户。

基于上述问题，在修剪时应剪除分枝角过小的枝条，选留分枝角较大的枝条作为下一级的骨干枝。对于初形成树冠且分枝角较小的大枝，可用绳索将枝拉开，或于两枝间嵌撑木板，加以矫正。

（二）主枝的分枝角度

对高大的乔木而言，分枝角度太小时，容易受风雪、冰挂或结果过多等压力的影响，发生劈裂事故。两枝间因加粗生长而互相挤压，不但不能有充足的空间发展新组织，反而使已死亡的组织残留于两枝之间，因而降低了承压力。相反，如果分枝角度较大，两枝间就有充足的生长空间，两枝间的组织联系就会牢固，不易劈裂。

（三）大枝锯截

在裁除粗大的侧生枝干时，应先用锯在粗枝基部的下方，由下向上锯入 $1/3 \sim 2/5$；然后，自上方在基部略前方处从上向下锯下，如此可以避免劈裂；最后，用利刃将伤口自枝条基部切削平滑，并涂上护伤剂以免病虫侵害和水分蒸腾。伤口削平滑的措施有利于愈伤组织的发展和伤口的愈合。护伤剂可以用接蜡、白涂剂、桐油或油漆。

此外，除了注意剪口芽与剪口的位置关系，还应注意剪口芽的方向就是将来延长枝的生长方向。因此，应从植株整体整形的要求来具体决定究竟应留哪个方向的芽。对垂直生长的主干或主枝而言，每年修剪其延长枝时，所选留的剪口芽的方向应与上年的剪口芽方向相反，如此才可以保证延长枝的生长不会偏离主轴。至于向侧方斜生的主枝，其剪口芽应选留向外侧或向树冠空疏处生长的方向。

以上所述均为修剪永久性的主干或骨干枝时所应注意的事项。至于小侧枝，因其寿命较短，即使芽的位置、方向等不合适也影响不大。

若剪枝或截干造成剪口的创伤面较大，则应用锋利的刀削平伤口，并用硫酸铜溶液消毒，再涂上保护剂，防止伤口因日晒雨淋、病菌入侵而腐烂。常用的保护剂有保护蜡和豆油铜素剂两种。

保护蜡用松香、黄蜡、动物油按5∶3∶1的比例熬制而成。熬制时，先将动物油放入锅中用温火加热，再加松香和黄蜡，不断搅拌至完全溶化。由于其冷却后会凝固，涂抹前需要加热。

豆油铜素剂是用豆油、硫酸铜、熟石灰按1∶1∶1的比例制成的。配制时，先将硫酸铜和熟石灰研磨成粉末，将豆油倒入锅中煮至沸腾，再将硫酸铜与熟石灰加入油中搅拌至完全溶化，冷却后即可使用。

（四）修剪的安全措施

（1）修剪时使用的工具应当锋利，应在使用前检查上树机械或折梯的各个部件是否灵活，有无松动，防止发生事故。

（2）上树操作必须系好安全带、安全绳，穿胶底鞋，手锯一定要拴绳套在手腕上，以保安全。

（3）作业时，严禁嬉笑打闹，要思想集中，以免错剪。刮五级以上大风时，不宜在高大树木上修剪。

（4）在高压线附近作业时，应特别注意安全，避免触电，必要时应请供电部门配合。

（5）修剪行道树时，必须有专人维护现场，以防锯落大枝砸伤过往行人。

（6）修剪病枝的工具，要用硫酸铜消毒后再修剪其他枝条，以防交叉感染。修剪下的枝叶应及时收集，有的可作插穗或接穗用，病虫枝则需堆积烧毁。

二、修剪与整形的程序

修剪时，最忌漫无次序、不假思索地乱剪，这样常会将需要的枝条也剪掉了，而且速度慢，应按照一定的程序进行。园林植物修剪的程序概括起来为"一知、二看、三剪、四拿、五处理"。

（1）一知。修剪人员必须知道操作规范、技术规范及特殊要求。

（2）二看。修剪前先绕树观察，对将要实施的修剪方法应心中有数。

（3）三剪。根据因地制宜、因植物类别修剪的原则进行合理修剪。按照"由基到梢、由内及外，由粗剪到细剪"的顺序来剪，即先明确植物应整成何种形式，然后由主枝的基部自内向外逐渐向上修剪，这样就会避免差错或漏剪，既能保证修剪质量又可提高修剪速度。

（4）四拿。修剪下的枝条应及时拿掉，集中运走，保证环境整洁。

（5）五处理。剪下的枝条，特别是病虫害枝条要及时处理，防止病虫害蔓延。

三、修剪与整形的时期

园林植物的修剪工作可随时进行，如抹芽、摘心、剪枝等。由于植物的抗寒性、生长特性及物候期对修剪时期有重要影响，因此修剪期可分为休眠期修剪（冬季修剪期）和生长期修剪（春季或夏季修剪）两个时期。

（一）休眠期修剪

园林植物从休眠后至次年春季体液开始流动前（落叶树从落叶开始至春季萌发前）的修剪称为休眠期修剪。这段时期植物生长停滞，植物体内养料大部分回归根部，修剪后营养损失最少，且修剪的伤口不易被细菌感染，对植物生长影响较小。因此，大部分园林植物的大量修剪工作都在此时期进行。

冬季修剪对观赏树种树冠的构成、枝梢的生长、花果核的形成等有重要影响，因此，进行修剪时要考虑树龄和树种。通常，对幼树的修剪以整形为主；对观叶树以控制主枝生长、促进干枝生长为目的；对花果树则侧重培养构成树形的主干、主枝等骨干枝，以早日成形，提前观花、观果。

对于生长在冬季严寒地区或抗寒力差的植物以早春修剪为宜，以避免修剪后伤口受冻害。早春修剪应在植株根系旺盛活动之前，营养物质尚未由根部向上输送时进行，可减少养分的损失，对花芽、叶芽的萌发影响不大。对有伤流现象的植物，如核桃、槭树、四照花、葡萄、桦树等，在萌发后修剪会有大量伤流发生，伤流使植株体内的养分与水分流失过多，造成树势衰弱，甚至枝条枯死，因此，不能修剪太晚。

（二）生长期修剪

园林植物自萌芽后至新梢或副新梢延长生长停止前这段时期内的修剪叫作生长期修剪。在生长期内修剪，若剪去大量枝叶，则会对树木尤其是花果树的外形有一定影响，故宜尽量轻剪。对于发枝力强的树，若在休眠期修剪的基础上培养直立主干，就必须对主干顶端剪口附近的大量新梢进行短截，目的是控制它们生长，调整主干的长势和方向。花果树及行道树的修剪，主要控制竞争枝、内膛枝、直立枝、徒长枝的发生和长势，集中营养供骨干枝旺盛生长之需。而绿篱和草花的生长期修剪，主要是为了保持整齐、美观，同时，剪下的嫩枝可作插穗用。

第三节　园林植物整形技艺
与修剪技法

园林植物的整形工作总是结合修剪进行的，所以除特殊情况外，修剪与整形的时期是一致的。

一、整形技艺

园林绿地中的植物负担着多种功能任务，所以整形的形式各有不同，但是概括起来可以分为以下三类。

（一）自然式整形

植物因其分枝方式、生长发育状况不同，形成了各种各样的形状。在保持原有的自然形状的基础上适当修剪与整形，称为自然式整形。在园林绿地中，以自然式整形最为普遍，施行起来亦最省工，而且自然式整形是符合植物本身的生长发育习性的，因此常有促使植物生长良好、发育健壮的效果，并能充分发挥该植物的外形特点和体现园林的自然美，最易获得良好的观赏效果。

自然式整形的基本方法是利用各种修剪技术，按照植物本身的自然生长特性，对植物外形做辅助性的调整和促进，使之早日形成自然外形，主要是抑制或剪除各种扰乱生长平衡、破坏外形的徒长枝、冗枝、内膛枝、并生枝以及枯枝、病虫枝等，维护植物外形的匀称、完整。

（二）人工式整形

根据园林观赏的需要，将植物强制修剪成各种特定形状，称为人工式整形。由于人工式整形与植物本身的生长发育特性相违背，植株一旦长期不进行修剪，其形体效果就容易被破坏，所以需要经常修剪与整形。适用于人工式整形的植物一般都是耐修剪，萌芽力和成枝力都很强的种类。

常见的整形形式有各种规则的几何形体或非规则的各种形体，如鸟、兽、城堡等。

1.几何形体的整形方法

通过修剪与整形，最终植物的外形成为各种几何形体，如正方体、长方体、圆柱体、球体、半球体或不规则几何体等。这类形式的整形需按照几何形体的构成规律来进行，如正方体整形应先确定边长，球体应确定半径等。

2.非几何形体的整形方法

（1）垣壁式。即在庭园及建筑附近为达到垂直绿化墙壁的目的而进行的整形。在欧洲的古典式庭园中常可见到这种形式。常见的垣壁式形式有 U 字形、义形、肋骨形、扇形等。垣壁式的整形方法是使主干低矮，在干上向左右两侧呈对称或放射状配列主枝，并使之保持在同一平面上。

（2）雕翅式。根据整形者的设计意图，创造出各种各样的形体。例如，建筑物形式，亭、台、楼阁等，常见于寺庙、陵园及名胜古迹处；动物形式，鹿、大熊猫、兔、马、孔雀等；装饰物品，花篮及古树盆景式等。这些整形方式应注意树木的形体与四周园景相协调，线条勿过于烦琐，以轮廓鲜明简练为佳。整形的具体做法视修剪者技术而定，亦常借助棕绳或铁丝，事先做好轮廓样式再进行修剪与整形。

（三）自然与人工混合式整形

这种形式是由于园林绿化上的某些要求，对自然树形加以或多或少的改造而形成的。常见有以下几种。

1.杯状形

树形无中心主干，仅有一段相当高度的树干，自树干上部分生 3 个主枝，均匀向四周排开，3 个主枝各自再分生 2 个枝而成 6 个枝，再以 6 枝各分生 2 枝成 12 枝，即所谓"三叉、六股、十二枝"的树形。这种几何状的规整分枝不仅整齐美观，而且冠内不允许有直立枝、内向枝的存在，一经出现必须剪除。此种树形在城市行道树和景观树中较为常见。

2.开心形

这是将上法改良的一种形式，适用于韧性弱、枝条开展的树种。整形的方法亦是不留中央领导干而留多数主枝配列四方，分枝较低。主枝上每年留有主枝延长枝，并于侧方留有副主枝处于主枝间的空隙处。整个树冠呈扁圆形，可在观花小乔木及苹果、桃等喜光果树上应用。

3.领导干形

留 2～4 个中央领导干，于其上分层配列侧生主枝，形成匀称的树冠。常见的树形有馒头、倒钟形等，本形适用于生长较旺盛的种类，可形成优美的树冠，提前开花，延长小枝寿命，最宜于做观花乔木、庭阴树的整形，如馒头柳、玉兰等。

4.中央领导干形

留一强大的中央领导干，在其上较均匀地保留主枝。这种形式是对自然树形加工较少的形式之一。常见的树形有圆锥形、圆柱形、卵圆形等。本形式适用于轴性强的树种，能形成高大的树冠，最宜于做庭阴树、独赏树及松柏类乔木的整形。

5.圆球形

此形式具一段极短的主干，主干上分生多数主枝，主枝分生侧枝，各级主侧枝均相互错落排开，利于通风透光，叶幕层较厚，在园林中广泛应用。

6.蓬丛形

主干不明显，每丛自基部留 10 个左右老主枝，更新复壮。

7.伞形

多用于一些垂枝形的树木的修剪与整形，如龙爪槐、龙桑、垂枝桃、垂枝榆等。这类树木的修剪需保留 3～5 个主枝作为一级侧枝，只要一级侧枝布局得当，以后的各级树枝下垂，并保持枝的相同长度，即可形成伞形树冠。

8.棚架形

主要应用于园林绿地中的蔓生植物。凡是有卷须或具有缠绕特性的植物均可自行依支架攀缘生长，如葡萄、紫藤、金银花等；不具备这些特性的藤蔓植物，如木香、蔓生月季等则靠人工搭架引缚，便于它们延长扩展，又可形成一定遮阴面积，而形状由架形而定。

综上所述的三类整形方式，在园林绿地中以自然式整形应用最多，既省人力、物力又易成功，其次为自然与人工混合式整形，它比较费工，亦需适当配合其他栽培技术措施。至于人工式整形，一般由于很费人工，且需具有操作熟练的技术人员，故常只在园林局部或有特殊美化要求处应用。

二、修剪技法

修剪的技法归纳起来基本是"截、疏、伤、变、放"等，可根据修剪的目的灵活采用。

（一）截

截是将当年生、一年生或多年生枝条的一部分剪去。其主要目的是刺激剪口下的侧芽萌发，抽发新梢，增加枝条数量，多发叶、多开花。它是园林植物修剪时最常用的方法。短截程度影响枝条的生长，短截程度越深，对单枝的生长量刺激越大。短截根据其程度可分为以下几种。

1.轻短截

只剪去一年生枝的少量枝段，一般是轻剪枝条的顶梢（剪去枝条全长的1/4～1/3），主要用于花果类树木强壮枝或草花的修剪。去掉枝条顶梢后刺激其下部多数半饱满芽的萌发，分散了枝条的养分，促进新生大量的短枝，这些短枝一般容易形成花芽。

2.中短截

剪到枝条中部或中上部饱满芽处（剪去枝条全长的1/3～1/2）。剪口芽强健壮实，养分相对集中，截后形成较多的中、长枝，成枝力高，生长势强，主要用于某些弱枝复壮以及骨干枝和延长枝的培养。

3.重短截

剪到枝条中部或上部（枝条全长的1/2以上）。这种剪法对植物的副作用很大，对植株的总生长量有很大的影响，剪后萌发的侧枝少，但由于营养供应充足，一般会萌发强壮旺盛的营养枝，主要用于弱树、老树、老弱枝的复壮更新。

4.极重短截

在春梢基部仅留1～2个不饱满的芽，其余剪去。此后萌发出的1～2个弱枝，一般用于竞争枝处理或降低枝位。

5.回缩

回缩又称缩剪，即将多年生枝条剪去一部分。当树木或枝条生长势减弱，部分枝条开始下垂，树冠中下部出现光秃现象时，为了改善光照条件，促发新旺枝，恢复树势或枝势，常用这种修剪方法。

（二）疏

疏又称疏剪或疏删，就是将整个枝条自基部完全剪去，不保留基部的芽。疏剪可调节枝条分布，扩大空间，改善通风透光条件，有利于植株内部枝条生长发育，有利于花芽分化。疏剪的对象主要是病虫枝、伤残枝、内膛密生枝、干枯枝、并生枝、过密的交叉枝、衰弱的下垂枝等，疏剪工作贯穿全年，可在休眠期、生长期进行。

疏剪强度可分为轻疏（疏枝占全树枝条的 10%）、中疏（疏枝占全树枝条的 10%～20%）、重疏（疏枝占全树枝条的 20%以上）。疏剪强度依植物种类、长势、树龄而定。萌芽力强、成枝力弱的或萌芽力、成枝力都弱的种类，少疏枝，如马尾松、雪松等枝条轮生，每年发枝数有限，尽量不疏枝。萌芽力、成枝力都强的种类，可多疏，如法桐。轻疏可以使幼树树冠迅速扩大，花灌木类提早形成花芽。成年树生长与开花进入盛期，枝条多，为调节生长与生殖的关系，保证年年有花或结果，应适当中疏。衰老期树木，发枝力弱，为保持有足够的枝条组成树冠，疏剪时要小心，只能疏去必须疏除的枝条。

（三）伤

伤是用破伤枝的各种方式来达到缓和树势、削弱受伤枝条生长势的目的的修剪方式，如环状剥皮、扭枝和折梢等。

1.环状剥皮

环状剥皮是在发育期对不大开花结果的枝条，用刀在枝干或枝条基部适当部位，剥去一定宽度的环状树皮的方式。它在一段时期内可阻止枝梢碳水化合物向下输送，有利于环状剥皮枝条上方的枝条营养物质的积累和花芽的形成，但弱枝、伤流过旺及易流胶的树种不宜应用环状剥皮。

2.扭枝和折梢

在生长季内，将生长过旺的枝条，特别是着生在枝背上的旺枝，在中上部扭曲下垂称为扭枝。将新梢折伤而不断则为折梢。扭梢与折梢伤骨不伤皮，目的是阻止水分、养分向生长点输送，削弱枝条长势，有利于短花枝的形成，如碧桃常采用此法。

（四）变

改变枝条生长方向，控制枝条生长势的方法称为变，如曲枝、撑枝、拉枝、抬枝等，其目的是改变枝条的生长方向和角度，使顶端优势转位、加强或削弱。将直立生长的背上枝向下曲成拱形时，顶端优势减弱，枝条生长转缓。下垂枝因向地生长，顶端优势弱，枝条生长不良，为了使枝势转旺，可抬高枝条，使枝顶向上。

（五）放

又称缓放、甩放或长放，即对一年生枝条不做任何短截，任其自然生长。利用单枝生长势逐年减弱的特点，对部分生长中等的枝条长放不剪，下部易发生中、短枝，停止生长早，同化面积大，光合产物多，有利于花芽形成。幼树、旺树常以长放缓和树势，促进提早开花结果。长放用于中庸树、平生枝、斜生枝。对于幼树的骨干枝、延长枝、背生枝或徒长枝不能放。弱树也不宜多用长放。

（六）其他修剪方法

1.摘心

在生长季节，随新梢伸长随时剪去其嫩梢顶尖的技术措施称为摘心。具体进行的时间依植物种类、目的而异。通常，在新梢长至适当长度时，摘去先端

2～5 cm，可使摘心处 1～2 个腋芽受到刺激发生二次枝，二次枝还可根据需要再进行摘心。

2.剪梢

在生长季节，由于某些植物新梢未及时摘心，因此枝条生长过旺，伸展过长，且木质化。不调节该植物主侧枝的平衡关系以及调整观花观果植物营养生长和生殖关系，剪掉一段已木质化的新梢先端，即为剪梢。

3.抹芽

把多余的芽抹去称为抹芽。此措施可改善其他留存芽的养分供应状况，增强生长势。

4.疏花、疏果

花蕾过多会影响开花质量，如月季、牡丹等，为保证花朵开得大，可用摘除侧蕾的措施使主蕾充分生长。对于一些观花植物，在花谢后常进行摘除枯花的工作，这不但能提高观赏价值，还可避免结实消耗养分。观花植物为使花朵繁茂，避免养分过多消耗，常将幼果摘除，如月季、紫薇等，为使其连续开花，必须及时摘除果实。至于以采收果实为目的的植物，为使果实肥大、提高品质或避免出现大小年现象，可摘除适量果实。

第四节　各类园林植物的修剪与整形

园林绿地中栽植有各种不同用途的树木，即使树种相同，由于园林用途不同，其修剪与整形的方式和要求也是不同的。

一、成片树林的修剪与整形

成片树林的修剪与整形，主要是为了维持树木良好的干性和冠形，解决通风透光问题，修剪一般比较粗放。对于由有主干领导枝的树种（如杨树等）组成的片林，修剪时注意保留顶梢，以尽量保持中央领导干的生长势。当出现竞争枝（双头现象）时，只选留一个，如果领导枝折断，应选一强壮侧生嫩枝，扶立代替主干延长生长，将其培养成新的中央领导枝，并适时修剪主干下部侧生枝，逐步提高分枝点。分枝点的高度应根据不同树种、树龄而定。

对于一些主干很短，但树已长大，不能再培养成独干的树木，也可以把分生的主枝当作主干培养，逐年提高分枝。

对于大面积的人工松柏林，应常进行人工打枝，即将生长在树冠下方的衰弱侧枝剪除。打枝的数量应根据栽培目的以及对树木的正常生长发育的影响而定。一般认为打枝不能超过树冠的三分之一，否则会影响植株的正常生长。

二、行道树和庭阴树的修剪与整形

行道树是指在道路两旁整齐列植的树木，每条道路上树种相同。城市道路行道树的主要作用有城市遮阴、美化街道和改善城区小气候等。

行道树要求枝条伸展，树冠开阔，枝叶浓密。行道树一般使用树体高大的乔木树种，主干高度为2.5～6 m，行道树上方若有架空线路通过的干道，其主干的分枝点应在架空线路的下方，而为了方便车辆、行人通过，分枝点不得低于2～2.5 m。城郊公路及街道、巷道的行道树，主干高可达4～6 m或更高。定植后的行道树要每年修剪，扩大树冠，调整枝条的延伸方向，增加遮阴保湿效果，同时也应考虑建筑物的采光问题。

行道树树冠形状依栽植地点的架空线路及交通状况而定。在架空线路多的主干道及一般干道上，常采用规则形树冠，修剪与整形成杯状形、开心形等立体几何形状。在机动车辆少的道路或狭窄的巷道内，可采用自然式树冠。行道树定干时，同一条干道上分枝点高度应一致、整齐划一，不可高低错落，影响美观与管理。

（一）几何形行道树的修剪与整形

1.杯状形行道树的修剪与整形

杯状形行道树具有典型的"三叉、六股、十二枝"的冠形，主干高在2.5～4 m。整形工作在定植后的5～6年内完成。以法桐为例，春季定植时，于树干2.5～4 m处截干，萌发后选3～5个方向不同、分布均匀、与主干成45度夹角的枝条作主枝，其余分期剥芽或梳枝，冬季对主枝留80～100 cm短截，剪口芽留在侧面，并处于同一平面上，使其匀称生长；第二年夏季再剥芽疏枝，如幼年法桐顶端优势较强，在主枝呈斜上生长时，其侧芽和背下芽易抽直立向上生长的枝条，为抑制剪口处侧芽或下芽转上直立生长，抹芽时可暂时保留直立主枝，促使剪口芽侧向斜上生长；第三年冬季于主枝两侧发生的侧枝中，选1～2个为延长枝，并在80～100 cm处再短剪，剪口芽仍留在枝条侧面，疏除原暂时保留的直立枝、交叉枝等，如此反复修剪，3～4年后即可形成杯状形树冠。

骨架构成后，树冠扩大很快，疏去密生枝、直立枝，促发侧生枝，内膛枝可适当保留，增加遮阴效果。上方有架空线路时，勿使枝条与线路触及，按规定保持一定距离。靠近建筑物一侧的行道树，为防止枝条扫瓦、堵门、堵窗，影响室内采光和安全，应随时对过长枝条进行短截修剪。

生长期内要经常进行抹芽，抹芽时不要损伤树皮，不留残枝。冬季修剪时应把交叉枝、下垂枝、枯枝、伤残枝及背上直立枝等一一截除。

2.开心形行道树的修剪与整形

多用于无中央主轴或顶芽能自疏的树种，树冠自然展开。定植时，将主干留 3 m 或者截干。待春季发芽后，选 3～5 个位于不同方向、分布均匀的侧枝进行短剪，促进枝条生长成主枝，其余全部抹去。生长季节注意将主枝上的芽抹去，只留 3～5 个方向合适、分布均匀的树枝。来年萌发后选留侧枝，使全部共留 6～10 个，使其向四方斜生，并进行短截，促发次级侧枝，以使冠形丰满、匀称。

（二）自然式冠形行道树的修剪与整形

在树木有任意生长的条件，且不妨碍交通和其他公用设施的情况下，行道树多采用自然式冠形，如塔形、卵圆形、扁圆形等。

1.中央领导干形行道树的修剪与整形

这类行道树主要是一些顶端优势明显的树种，如杨树、银杏、水杉、圆柏、雪松、枫杨等。

中央领导干形行道树分枝点的高度按树种特性及树木规格而定，栽培中要保护顶芽向上生长。郊区多用高大树木，分枝点在 4～6 m 以上。主干顶端若损伤，应选择一直立向上生长的枝条或在壮芽处短截，并把其下部的侧芽抹去，抽出直立枝条代替，避免形成多头现象。

阔叶类树种如毛白杨，不耐重抹头或重截，应以冬季疏剪为主。修剪时应保持冠与树干的适当比例，一般树冠高占 3/5，树干（分枝点以下）高占 2/5。在快车道旁的分枝点高至少应在 2.8 m。注意最下方的三大主枝上下位置要错开，方向匀称，角度适宜。要及时剪掉三大主枝上最基部贴近树干的侧枝，并选留好三大主枝以上其他各主枝，使其呈螺旋形往上排列。再如银杏，每年枝条短截，下层枝应比上层枝留得长，萌生后形成圆锥状树冠。成形后，仅对枯病枝、过密枝进行疏剪，一般修剪量不大。

2.多领导干形行道树的修剪与整形

这一类行道树树种的主干性不强，如旱柳、刺槐、白蜡、榆树等，分枝点高度一般为2～3 m，留5～6个主枝，各层主枝间距短，使其自然长成椭圆形或扁圆形的树冠。每年修剪的主要对象是密生枝、枯死枝、病虫枝和伤残枝等。

庭阴树一般栽植在公园（或庭院）的中心、建筑物周围或南侧、园路两侧，具有庞大的树冠、挺秀的树形、健壮的树干，能营造浓荫如盖、凉爽宜人的环境。

一般来说，庭阴树的树冠不需要专门整形，多采用自然树形。但由于特殊的要求或风俗习惯等，也有采用人工式整形或自然和人工混合式整形的。庭阴树的主干高度应与周围环境的要求相适应，一般无固定的规定，主要视树种的生长习性而定。

庭阴树的树冠与树高的比例，视树种及绿化要求而异。孤植的庭阴树树冠以尽可能大些为宜，以最大可能地发挥其遮阴和观赏的效果，对一些树干皮层较薄的种类，如七叶树、白皮松等，可有防止烈日灼烧树皮的作用。一般认为，庭阴树的树冠以占树高的2/3以上为佳，以不小于1/2为宜；如果树冠过小，则会影响树木的生长及健康状况。

庭阴树在具体修剪时，人工形式需每年用较多的劳动力进行休眠期修剪与整形以及夏季生长期修剪（如上海地区的庭阴树在夏季需进行除梢，在台风前进行疏剪），自然式树冠则只需每年或隔年将病枯枝、扰乱树形的枝条，以及主干上由不定芽形成的冗枝等一一剪除，对老弱枝进行短剪，使之增强生长势。

三、花灌木与小乔木的修剪与整形

花灌木与小乔木的修剪与整形需依据植物种类、植物生长的环境、长势及其在园林中所起的作用进行。按树种的生长发育习性，可将修剪与整形方式分为以下五类。

（一）观花类的修剪与整形

1.根据树势强弱修剪与整形

幼树生长旺盛，以整形为主，宜轻剪。直立枝、斜生枝的上位芽在冬剪时应剥掉，防止形成直立枝。一切病虫枝、干枯枝、人为破坏枝、徒长枝等用疏剪方法剪去。丛生花灌木的直立枝中选择生长健壮的进行轻摘心，促其早开花。

壮年树木应充分利用立体空间，促使多开花。休眠期修剪时，在秋梢以下适当部位进行短截，同时逐年选留部分根，并疏掉部分老枝，以保证枝条不断更新，保持树形丰满。

老弱植株以更新复壮为主，采用重短截的方法，使营养集中于少数腋芽，萌发壮枝，及时疏删细弱枝、病虫枝和枯死枝。

2.根据季节修剪与整形

落叶花灌木依修剪时期可分冬季修剪（休眠期修剪）和夏季修剪（花后修剪）。冬季修剪一般在休眠期进行。夏季修剪在花落后进行，目的是抑制营养生长，增加全株光照，促进花芽分化，保证来年开花。夏季修剪宜早不宜迟，这样有利于控制徒长枝的生长。若修剪时间稍晚，直立徒长枝已经形成，则在空间条件允许的情况下，可用摘心法使其生出二次枝条，增加开花枝的数量。

3.根据花灌木生长和开花习性修剪与整形

（1）早春开花，花芽（或混合芽）着生在二年生枝条上的花灌木。如连翘、榆叶梅、碧桃、迎春、牡丹等灌木在前一年的夏季高温时进行花芽分化，经过冬季低温阶段于第二年春季开花。因此，应在花残后叶芽开始膨大尚未萌发时进行修剪。修剪的部位依植物种类及纯花芽或混合芽的不同而有所不同。连翘、榆叶梅、碧桃、迎春等可在开花枝条基部留 2～4 个饱满芽进行短截，牡丹则仅剪除残花即可。

（2）夏秋季开花，花芽（或混合芽）着生在当年生枝条上的花灌木。如紫薇、珍珠梅等在当年萌发枝上形成花芽，因此应在休眠期进行修剪。在二年生枝基部留 2～3 个饱满芽或一对对生的芽，进行重剪，剪后可萌发出一些茁壮的枝条，花枝会少些，但由于营养集中，会产生较大的花朵。若希望有些灌木当年开两次花，可在花后剪除残花及其下的 2～3 个芽，刺激二次枝条的发生，适当增加肥水。

（3）花芽（或混合芽）着生在多年扩枝上的花灌木。如紫荆、贴梗海棠等，虽然花芽大部分着生在二年生枝上，但当营养条件适合时多年生的老干亦可分化花芽。对于这类灌木中进入开花年龄的植株，修剪量应较小，在早春可剪除枝条先端枯干部分，在生长季节为防止当年生枝条过旺而影响花芽分化，可进行摘心，使营养集中于多年生枝干上。

（4）花芽（或混合芽）着生在开花短枝上的花灌木。如西府海棠等，这类灌木早期生长势较强，每年自基部萌芽，自主枝上发生大量直立枝，当植株进入开花年龄时，多数枝条形成开花短枝，在短枝上连年开花。这类灌木一般不进行大幅度修剪，可在花后剪除残花，夏季生长旺盛时，将生长枝进行适当摘心，抑制其生长，并疏剪过多的直立枝、徒长枝。

（5）一年多次抽梢、多次开花的花灌木。如月季，可在休眠期对当年生枝条进行短剪或回缩强枝，同时剪除交叉枝、病虫枝、并生枝、弱枝及内膛过密枝。寒冷地区可进行强剪，必要时进行埋土防寒。生长期可多次修剪，可于花后在新梢饱满芽处短剪（通常在花梗下方第 2～3 芽处）。剪口芽很快萌发抽梢，形成花蕾开花，花谢后再剪，如此重复。

（二）观果类的修剪与整形

观果灌木的修剪时期和方法与早春开花的种类大体相同，但需特别注意及时疏除过密的枝条，确保通风透光，减少病虫害，促进果实着色，提高观赏效果。为提高结实率，一般在夏季采用环状剥皮、疏花、疏果等修剪措施。观果类灌木种类丰富，如金银木、枸杞、火棘、沙棘、铺地蜈蚣、南天竹、石榴、金橘、南蛇藤等。

（三）观枝类的修剪与整形

观赏枝条的灌木如红瑞木、金枝柳、金枝槐等，一般冬季不做修剪与整形，可在早春萌芽前重剪，以后轻剪，以促使多萌发枝条，以便冬枝充分发挥观赏作用。这类灌木的嫩枝颜色鲜艳，老枝颜色一般较暗淡，除每年早春重剪外，应逐步疏除老枝，不断更新。

（四）观叶类的修剪与整形

观叶灌木有观早春叶的，如黄连木等；有观秋叶的，如鸡爪槭等；还有常年叶色均为异色的，如金叶女贞、紫叶李、金叶圆柏等。其中有些种类的花也很有观赏价值，如紫叶李。对既观花又观叶的种类，往往按早春开花的种类修剪；其他种类应在冬季或早春进行重剪，以后进行轻剪，以便萌发更多的枝和叶。

（五）萌芽力极强或冬季易干梢类的修剪与整形

这类灌木如胡枝子、荆条及醉鱼草等，可在冬季自地面剪去，使来春重新萌发更多新枝。

四、攀缘植物类的修剪与整形

为充分利用城市的绿化空间，近年来人们越来越重视垂直绿化。由于垂直绿化是通过攀缘植物来实现的，故垂直绿化的特点实际上也反映了攀缘植物自身的特点。

攀缘植物是蔓生植物，无一定形状，为使植物按照绿化要求合理配植，并培育成牢固的形体骨架，应根据不同品种的生长发育特性，对植株进行修剪与整形。整形是通过修剪来实现的，修剪则是在整形的基础上疏除或短截植株某些枝蔓部分，从而起到调节营养生长和生殖生长的作用。攀缘植物的整形要根据设计意图进行。一般采取以下几种形式。

（一）有主干式的品种

幼苗定植后，主干留 10 cm 剪断；春季萌芽抽枝后，留 3～4 个芽形成侧蔓，并做扇形引缚。夏季可在各级枝蔓上留一定长度后反复摘心。冬季剪除瘦弱顶梢，并在最后一级侧蔓上留 7～8 个芽剪截，以促使多生枝蔓，逐步布满架面空间，形成自然扇形。

（二）无主干式的品种

幼苗定植后，常在植株基部直接生出几个主蔓，可留 3～4 根，按照上述办法摘心、修剪、引缚，以便形成无主干式自然扇形。许多墙面攀附品种如爬墙虎、五叶地锦等，甚至不用人为引导和修剪摘心，就能自然长成这种形式。

五、绿篱的修剪、整形及更新

绿篱主要选用萌芽力和成枝力强、耐修剪的树种栽植而成,起防范、美化、分隔功能区的作用。适宜做绿篱的植物很多,如女贞、大叶黄杨、小叶黄杨、侧柏、小龙柏、冬青、火棘、野蔷薇等。

绿篱的高度由其防范对象来决定,有绿墙(160 cm 以上)、高篱(120~160 cm)、中篱(50~120 cm)和矮篱(50 cm 以下)之分。对绿篱进行修剪,既是为了整齐美观,增添园景,也是为了使篱体生长茂盛,长久不衰。

(一)绿篱的修剪与整形

绿篱的修剪与整形应根据设计意图和要求采用不同的方法。

1.自然式绿篱的修剪与整形

自然式绿篱一般可不进行专门的修剪和整形措施,仅在栽培管理过程中将病老枯枝剪除。自然式绿篱主要在绿墙、高篱和花篱中采用较多。修剪时只要适当控制高度,并疏剪病虫枝、干枯枝,任枝条自然生长,使枝叶相接紧密成片、提高阻隔效果即可。如用于防范的枸骨、火棘等绿篱和蔷薇、木香等花篱一般以自然式修剪为主。开花后略加修剪使之继续开花,冬季修去枯枝、病虫枝。但对蔷薇等萌发力强的树种,盛花后也可进行重剪,可使新枝粗壮,篱体高大美观。

2.整形式绿篱的修剪与整形

中篱和矮篱常用于草地、花坛镶边,或组织人流走向。这类低矮绿篱需要定期进行专门的修剪与整形工作。

整形式绿篱的形式多种多样。目前,园林绿化中多采用几何图案式修剪与整形,如矩形、梯形、篱面波浪形等;也有修剪成高大的壁篱式的,以给雕像、山石、喷泉等景观做背景或将绿篱本身作为景物。

整形式绿篱在栽植方式上通常多用直线形，但在园林中为了满足特殊需要，如需便于安放坐椅、雕像等物时，亦可裁成各种曲线或几何形。在剪整时，立面的形体必须与平面的栽植形式相协调。此外，在不同的地形中，运用不同的整剪方式亦可起到改造地形的作用，这样不但可以美化环境，而且在防止水土流失方面有着很大的实用意义。

绿篱种植后剪去高度的 1/3～1/2，修去平侧枝，统一高度和侧面，促使下部侧芽萌发生成枝条，形成紧枝密叶的矮墙，显示立体美。绿篱每年最好修剪2～4 次，使新枝不断发生，更新和替换老枝。整形绿篱修剪时，顶面与侧面应兼顾，不应只修顶面不修侧面，这样会导致顶部枝条旺长，侧枝斜出生长。从篱体横断面看，以矩形和基大上小的梯形较好，下面和侧面枝叶采光充足，通风良好，生长茂盛，不易发生下部枝条干枯和空秃的现象。

组字、图案式绿篱，一般用长方形，要求边缘棱角分明，界线清楚，篱带宽窄一致，每年修剪次数比一般镶边、防范的绿篱多。枝条的替换、更新时间应短，不能出现空秃，以保持文字和图案的清晰。用植物修剪成的鸟兽等立体造型，为保持其逼真形象，不能任枝条随意生长而破坏造型，应每年多次修剪与整形。

在整形式绿篱的修剪与整形中，经验丰富的工作人员随手修剪就能达到整齐美观的要求，不熟练的则应先用线绳定型，然后以线为界进行修剪。

（二）绿篱的更新

绿篱的栽植密度很大，无论怎样精心修剪和养护，随着树龄的增长，最终都无法在应有的高度和宽度内保持美观，从而失去规整的状态，因此绿篱需要定期更新。

对于常绿阔叶树种绿篱，其萌芽力和成枝力都很强，当它们年老变形后，可以用平茬的方法来促使萌发新梢。方法是不留主干或只留很矮的一段主干，主干一般保留 30 cm 左右，这样抽发的新梢在一年中可以长成绿篱的雏形，两年左右即可恢复原来的篱体形态；对萌芽力一般的种类也可以通过逐年疏除老干的方法更新。常绿叶类绿篱一般很难更新复壮，只能将它们全部挖掉，另植新株，重新培养。

第九章　园林植物病虫害防治

第一节　园林植物病害与防治

一、基本概念

　　由于所处的环境不适，或受到生物的侵袭，园林植物正常的生理机能受到干扰，细胞、组织、器官遭到破坏，甚至引起植株死亡，这种现象称为园林植物病害。

　　植物在生长过程中受到多种因素的影响，其中直接引起病害的因素称为病原。病原可分为生物性病原和非生物性病原两大类。生物性病原包括真菌、细菌、病毒、支原体、寄生性种子植物、藻类以及线虫和蜗类等。其中，引起病害的真菌和细菌统称为病原菌。凡是由生物性病原引起的病害都具有传染性，因此又称为传染性病害或侵染性病害，受侵染的植物称为寄主。非生物性病原包括各种环境胁迫因素，如温度过高或过低、水分过多或过少、湿度过大或过小、营养缺乏或过剩、光照不足或过强以及污染物的毒害等。非生物性病原引起的病害不具传染性，故又称非侵染性病害，也叫生理病害。

二、病害症状及诊断

园林植物受侵染后，首先出现生理和代谢紊乱，然后外部形态发生变化，其外表所显示出来的各种各样的病态特征称为症状。症状包括病状和病症两方面。病状是植物本身所表现的病态模样，是受害植株生理解剖上的病变反映到外部形态上的结果。病症是病原物在寄主体表显现的特征。病状和病症各包括多种类型。

（一）病状类型

1.变色型

植物染病后，叶绿素不能正常形成，因而叶片呈现淡绿色、黄色甚至白色。缺氮、铁或光照不足常引起植物黄化。在侵染性病害中，黄化是病毒病害和支原体病害的常见特征。

2.坏死型

坏死是细胞或组织死亡的现象，常见的有腐烂、溃疡、斑点等。生物侵染、自然灾害和机械损伤等可导致坏死型病状出现。

3.萎蔫型

植物因病而出现失水状态称为萎蔫。由病原菌的侵染引起的输导组织损伤或干旱胁迫都可导致植物萎蔫。

4.畸形

畸形是因细胞或组织过度生长或发育不足而引起的病状，常见的有丛生、瘿瘤、变形等。畸形多由生物性病原引起。

5.流脂或流胶型

植物细胞分解为树脂或树胶流出，俗称流脂病或流胶病。流脂病多发于针叶树，流胶病多发于阔叶树。流脂病和流胶病的病原较为复杂，可以是生物性的，也可是非生物性的，或两者兼而有之。

（二）病症类型

1.霉状物

病原真菌在植物体表产生的各种颜色的霉层，如青霉、灰霉、黑霉、霜霉和烟霉等。

2.粉状物

由病原真菌引起，在植物表面形成各种颜色的粉状物，如白粉等。

3.锈状物

病原真菌在植物体表所产生的黄褐色锈状物。

4.点状物

病原真菌在植物体表产生的黑色、褐色小点，这些小点多为真菌的繁殖体。

（三）病害诊断

一般情况下，一种植物在相同的外界条件下，受到某种病原物侵染后，所表现出来的症状是大致相同的。对于已知的比较常见的病害，其症状也是比较明显的，专业人员较易做出判断。因此，病状是病害的标记，是诊断病害的主要根据之一。但由于不同的病原物可以引起相似的症状，相同的病原物在不同的植物、同一植物不同发育期或不同的环境条件下，也可表现出不同的症状，因此遇到不能准确判断的非典型病害时，常常需要借助显微镜来观察病原物，鉴定出病原菌的种类。有时为了帮助判断，甚至要采用人工诱发病害的办法。非侵染性病害的症状常常表现为变色、萎蔫、不正常脱落（落叶、落花、落果）等，有的与侵染性病害的症状相似，必须深入现场调查和观察。非侵染性病害往往大面积同时发生，病株或病叶表现症状的部位有一定的规律性。对于因缺乏营养而引起的病害，可通过化学方法进行营养诊断，找出缺少的元素，这样可准确判断致病原因。

（四）病程及侵染循环

病原物侵染园林植物使其发病的整个过程叫病程，可分为接触期、入侵期、潜育期和发病期四个阶段。

一个病程接一个病程地连续发病的过程叫侵染循环。一个病程结束后，如果病菌没有被及时消灭，而是保存在侵染源里，并且环境条件又适合其传播，就会进入下一个病程。侵染源是指保存和散发病原物的中心场所，病植株、土壤、种子和苗木、肥料等都可成为侵染源。病原物的传播主要靠气流、水、昆虫或其他动物以及人为活动等。

（五）病害防治的原理

病害防治就是要通过各种措施破坏病程和侵染循环，使其不能顺利进行。抓住其中的薄弱环节可取得事半功倍的效果。例如，引起立枯病的病原菌生活在土壤中，我们可以进行土壤消毒，杀死病原菌，消灭侵染源，防止立枯病的发生。侵染性病害的发生和发展取决于寄主的抗病力、病原物的侵染力和环境条件。防治病害要从三方面入手：第一，增强寄主的抗病力或保护寄主不受侵染；第二，消灭或控制病原物；第三，改变或创造有利于寄主、不利于病原物的环境条件。

三、叶、花、果部病害

（一）白粉病类

白粉病是一种发生在植物上的极为普遍的病害，多发生在寄主生长的中后期，可侵害叶片、嫩枝、花、花柄和新梢。在叶上初为退绿斑，继而长出白色菌丝层，并产生白粉状分生孢子，在生长季节进行再侵染。重者可抑制寄主植株生长，使叶片不平整，以至卷曲，萎蔫苍白；幼嫩枝梢发育畸形，病芽不展开或产生畸形花，新梢生产停滞，使植株失去观赏价值。严重者可导致枝叶干枯，甚至造成全株死亡。

1.大叶黄杨白粉病

（1）症状

为害叶片和树梢，病斑多分布于叶片正面。病害初发时，叶片上散生许多白色圆形病斑，随着病斑逐渐扩大，变成不规则的大斑。病害严重时，新梢的感病率可达 10%。整个叶片及新梢背面都出现白粉状菌丝和泡层，拭去后原发病部位呈现黄色，病叶皱缩，病梢扭曲、萎缩。

（2）病原

病原为正木粉孢霉菌，隶属于半知菌亚门、丝孢纲、丝孢目、粉孢属。

（3）发病规律

病菌在深秋和冬季产生灰色膜状菌层，在病枝残体上越冬。翌春，病原菌产生大量分生孢子，进行多次侵染，随气流和水流传播，直接入侵，梅雨季节病害严重，高温病害受到抑制。秋季病害又产生大量孢子再次侵染为害。

2.白粉病类的防治方法

（1）针对菌源可清除侵染来源

冬季结合清园扫除枯枝落叶，或结合修剪整枝除去病梢、病叶，并集中烧毁或填埋，以减少侵染来源。

（2）加强栽培管理，提高植物的抗病性

如适当增施磷、钾肥，合理使用氮肥，等等。

（3）化学防治

发病初期，用25%三唑酮可湿性粉剂2 000倍液，或70%甲基托布津可湿性粉剂1 000倍液，或50%退菌特可湿性粉剂800倍液喷雾防治，隔10天喷1次。也可用25%粉锈宁可湿性粉剂2 000倍液或15%绿帝（仿银杏抑菌提取物）可湿性粉剂500～700倍液进行喷雾防治。

（二）锈病类

锈病是一类特征很明显的病害。锈病因多数孢子能形成红褐色或黄褐色、颜色深浅不同的铁锈状孢子堆而得名。锈菌大多数侵害叶和茎，有些也为害花和果实，锈菌侵染后，植株叶背先形成淡绿色或黄色小斑点，后渐成黄色小疮，产生大量的锈色、橙色、黄色，甚至白色的斑点，至破皮时，叶背面可见到散生的黄色粉堆，即锈病病菌的夏孢子堆。严重时夏孢子堆可联合成大块，且叶背病菌部隆起。有的锈病还引起肿瘤。秋季产生褐色斑，形成冬孢子堆。受侵害叶片提早落叶，严重时形成大型枯斑，甚至叶片枯死。

锈菌是一类专性寄生物，一般只侵害某些寄主的属以内一定的品种。锈病多发生于温暖湿润的春秋季，在不适宜灌溉、叶面凝结雾露及多风雨的天气条件下最容易发生和流行。锈病病原菌以菌丝体在病芽、病组织内或以冬孢子在病落叶上越冬。

引起锈病的病原种类很多，常见的有柄锈菌属、单胞锈菌属、多胞锈菌属、胶锈菌属、柱锈菌属等。

1.圆柏锈病

（1）症状

感病后，最初针叶、叶腋或小枝上出现黄色小点，后稍肿起，有时枝上形成膨大的纺锤形菌瘿。第二年3月，被害部表皮逐渐突起破裂，露出红褐色或咖啡色圆锥形角状物——冬孢子角，单生或聚生，枝条上肿胀明显，雨后，冬孢子角吸水膨胀，形成黄色、舌状角质物，干燥时皱缩形成暗红色污浊物。被害枝叶枯黄，小枝枯死。

（2）病原

病原为梨胶锈菌和山田胶锈菌，均属担子菌亚门、冬孢菌纲、锈菌目、胶锈菌属。

（3）发病规律

病菌以菌丝体在圆柏感病组织内越冬。次年3月下旬冬孢子开始成熟，遇水膨胀，萌发后产生担子和担孢子，借风传播，落到苹果和梨叶片上，萌发入侵。

2.月季锈病

（1）症状

为害叶片、嫩枝和花口。发病初期叶背产生黄色小斑，外围往往有褪色环。黄斑上产生隆起的锈孢子堆。锈孢子堆突破表皮露出橘红色粉末，即锈孢子；叶片正面生有小黄点，即性孢子器；叶片背面又产生略呈多角形的病斑，上生有夏孢子堆。秋后病斑上产生黑褐色疮状突起，即冬孢子堆，破裂后散出黑褐色粉状物，严重时，叶片焦枯，提前落叶。

（2）病原

病原为蔷薇多孢锈菌，属担子菌亚门、冬孢菌纲、锈菌目、多孢锈菌属。

（3）发病规律

病菌以菌丝或冬孢子在感病部位越冬，次年萌发产生担孢子，侵染寄主的幼嫩部位。在温暖地区，夏孢子也可越冬。发病后，产生性孢子器及锈孢子器，锈孢子侵染发病后，产生夏孢子堆。夏孢子借风雨传播，可反复侵染。特别是在气候比较温暖、多雨、多雾的年份，病害较为严重。

3.锈病类的防治措施

（1）选择抗病品种，在远离转寄主的地方栽培

由于锈菌具有生理小种的分化，同时具有转寄生习性，因此提倡多品种混合种植，不混栽两种专主寄主树种。

（2）加强栽培管理，提高植物抗性

例如，根据当地土壤分析结果，进行配方施肥，增施磷、钾肥，适量施用氮肥。合理灌水，适当减少灌水次数，降低湿度。经常清理枯草残叶和病残体，减少病原菌残留量。

（3）化学防治

三唑类杀菌剂是防治锈病的特效药剂，防治效果好，持效期长。常见品种有粉锈宁、羟锈宁、特普唑（速宝利）、立克秀等，于发病期稀释适当浓度后喷液。也可于休眠季冬孢子成熟前喷石硫合剂或波尔多液防治。

（三）叶斑病类

叶斑病是植物病害中最普通、最常见，也是最庞杂的类群。通常，除锈病、白粉病、煤污病和毛毡病等以外的各种叶部病害都包含在叶斑病里，引起叶斑病的病原群体庞大，种类繁多，除细菌、病毒外，主要是半知菌和部分子囊菌的病菌。病害多发生于叶和果实上，病斑为圆形、多角形或不规则形，具轮纹或形成穿孔等，病部组织坏死。

病原菌以其存在于病残组织中的菌丝块越冬，少数产生子囊壳的可以其子囊壳越冬，菌丝体也可以潜伏在种子内或以菌丝块在种子间越冬。大多能产生大量的分生孢子，通过气流进行侵染和再侵染。一般在温暖的气候，特别是在

雨水多的情况下，容易发生侵染和进一步扩展；早秋如雨露重时，也可发生大量侵染。多数病原菌发生在衰弱的和较老的组织上，寄主生活力降低，营养条件差。

1.丁香叶斑病

（1）症状

主要发生于叶片和果实上。按寄主受害程度，可分为四种类型，即点斑型、星斗型、花斑型、枯焦型。点斑型初发病时，叶片产生褪绿斑点，不久成褐斑，然后病斑中央变灰白色。星斗型在圆形病斑外伸出1根或数根线与其他斑点相连接，呈星斗状。花斑型形成同心轮纹，中心灰白色，病斑周围生波状纹，似花骨朵。枯焦型全叶变成褐色，干枯蜷缩于枝条上，发病严重时，全株枯死。

（2）病原

病原为丁香假单胞菌，隶属于原核生物界、薄壁菌门、假单胞杆菌属。

（3）发病规律

病菌在病叶中越冬，来年进行裂殖繁殖。借雨水传播，地势低洼，易于积水的苗圃及多雨的年份，病害发生常较重。

2.榆叶梅叶斑病

（1）症状

多在叶片上产生褐色斑点，渐发展为褐色大小不等、边缘清晰的病斑。重要特点是病斑在后期产生细小的黑点，散生，少数聚集成轮纹状，植株生长衰弱时利于发病。

（2）病原

病原为梨生盾壳霉，隶属于半知菌亚门、腔孢纲、壳霉目、壳霉科、盾壳霉属。

（3）发病规律

病菌以菌丝及分生孢子在病残体上越冬，次年春暖后孢子萌发，随雨水入侵寄主，多雨潮湿环境以及寄主生长衰弱都有利于发病。

　　3.叶斑病类的防治方法

　　（1）加强检疫

　　考察购苗地的病害发生情况，不在发病重的地区购苗。注意购入的苗木是否存在病叶，及时施药消毒。

　　（2）加强栽培管理，控制病害的发生

　　适当控制栽植密度，利于通风透光；增施有机肥、磷肥、钾肥，适当控制氮肥，提高植株抗病能力；及时排水，防止传播。

　　（3）选种抗病品种和健壮苗木

　　园林植物，特别是花卉的栽培品种很多，各栽培品种之间抗病性存在较大差异，在园林植物配植上，可选用抗品种，避免种植感病品种，减少病害的发生。不同培育方式的苗木抗病性也存在差异。

　　（4）清除侵染来源

　　及时清扫林内落叶，减少病源。或在早春展叶前喷洒50%多菌灵可湿性粉剂600倍液。

　　（5）化学防治

　　在发病初期及时喷施杀菌剂，如50%托布津可湿性粉剂1 000倍液、50%退菌特可湿性粉剂1 000倍液、65%代森锌可湿性粉剂800倍液、1%波尔多液等。

四、根茎（干）部病害

（一）溃疡病或腐烂病类

枝干溃疡病实际上也是一类斑点病。同类病原或同一病原，既发生在枝干上也发生在叶上或果实上。该病多发生于枝干的皮层部位，病部组织坏死，呈湿腐状，具有酒糟味、恶臭味。皮层腐烂易与木质部分离，而枝干枯死。后期病部出现黑色粉状的子实体。有时溃疡病在植物生长旺盛时停止发展，病斑周围形成愈伤组织，但病原物仍在病部存活，次年病斑会继续扩展，然后周围形成新的愈伤组织，如此往复数年，病部形成明显的长椭圆形盘状同心环纹，且受害部位局部膨大。

导致枝干溃疡病的常见病原真菌有黑腐皮壳菌、葡萄座腔菌和丛赤壳属真菌。病菌以菌丝体、分生孢子器及子囊壳在病树上越冬，翌春产生孢子角或分生孢子，通过雨水的冲溅传播。病原的寄生性弱，只能从伤口入侵，主要在树体生理活动降低时或生活力弱的树体上扩展为害，因此老树、受冻伤的树发病重。春秋雨季为为害盛期。

1.榆树溃疡病

（1）症状

多在皮孔和修枝伤口处发病。发病初期，病斑不明显，颜色较暗，皮层组织变软，呈深灰色，病部稍隆起。发病后期，病部树皮组织坏死，枝干受害部位变细下陷，纵横开裂，形成不规则斑。当病斑环绕枝干一周时，树木则濒临死亡。最后，病斑处长满黑色小颗粒状物，为病原菌分生孢子器。小树、苗木当年枯死，大树则数年后枯死。

（2）病原

病原为榆壳二孢，隶属半知菌亚门、腔孢纲、球壳孢目、壳二孢属。

（3）发病规律

病菌以菌丝体和分生孢子器在枝干病皮上越冬。翌年3月下旬病菌开始活动，产生分生孢子，随雨水飞溅，向四周扩散传播到寄主枝皮和干皮上，在水湿条件下萌发，由伤口入侵皮层。寄生力弱，只能侵染生长不良、树势衰弱的树木。

2.柳树溃疡病

（1）症状

受害树木枝干呈现水疱型溃疡，严重时甚至会造成大片幼林枯死。树干的中下部首先感病，受害部树皮长出水疱状褐色圆斑，用手压会有褐色液体流出，后病斑呈深褐色凹陷，病斑周围隆起，形成愈伤组织，中间裂开，呈溃疡症状。病部上散生许多小黑点，为病菌的分生孢子器，以后老病斑处出现粗黑点，为子座和子囊腔。病害还可表现为枯梢型，初期枝干先出现褐色小斑，病斑迅速包围主干，使上部枯死。

（2）发病规律

3月下旬气温回升开始发病，4月中旬至5月上旬为发病盛期，5月中旬、6月初气温升至26℃基本停止发病，8月下旬当气温降低时病害会再次出现，10月份病害又有发展。病菌孢子成活期长达2～3个月，萌发温度为13～38℃，可全年为害。该病可侵染树干、根茎和大树枝条，但主要为害树干的中下部。病菌潜伏于寄主体内，使病部出现溃疡。天气干旱时，寄主会表现出症状。

3.溃疡病或腐烂病类的防治方法

（1）加强养护管理，增强树势，提高抗病能力

枝干溃疡病都是一些弱寄生物所引起的，培养树势，提高抗病能力是防治的根本，应从幼苗开始，做好肥水管理、病虫害防治等工作。

（2）选择健壮苗木种植，尽量避免伤根

减少冻伤、虫伤及其他创伤是防治这类病害的基本措施。因此，在起苗、运输、栽植等过程中，应减少伤口。

（3）及时剪除病枝，刮治病部

枝干溃疡病的病原菌多存在于病部，随枯枝及溃疡斑越冬，同时多数种类具有广谱寄生性，所以应及时处理病枝（木本），尽量减少病源。

（4）化学防治

①树干涂含油量 5%的蒽油乳剂或涂白（生石灰 5 kg、硫黄粉 1.5 kg、食盐 2 kg、水 36 kg），或者用 0.5 波美度石硫合剂喷干，防止病菌入侵并杀菌。

②用刀划痕后涂以 10%碱水、10%蒽油或 0.1%汞液等治疗。

③在发病初期，用 70%甲基托布津可湿性粉剂 200～300 倍液，或 50%多菌灵可湿性粉剂 50～100 倍液防治。

（二）根癌病类

根癌病，又名冠瘿病，分布在世界各地，中国分布也很广泛。紫叶李、月季等蔷薇科花木易受侵害。此外，该病还为害杨、柳、核桃、柏、丁香、南洋杉、花柏、桧柏、银杏、罗汉松、黄杉、金钟柏等。该病影响根系的发展，常导致树体营养缺乏，使树呈现衰弱状态，最后枯死。碱性、湿度大的沙壤土中的植物易发病，连作则加速发病，苗木根部有伤口易发病。

根癌病主要发生在根颈处，有时也发生在主根、侧根和地上部分的主干、枝条上。病原菌一般从伤口入侵，经数周或 1 年以上就可出现症状。受害处呈现大小不等、形状不同的瘤状物。初生的小瘤，呈灰白色或肉色，质地柔软，表面光滑，后渐变成褐色至深褐色，质地坚硬，表面粗糙并龟裂。

1.毛白杨根瘤病

（1）症状

主要发病于根茎处，有时在埋条、主根、侧根和主干、枝条上也能发病。初生小瘤近圆形、黄绿色，表面光滑，质地柔软，以后逐渐增大，呈不规则块状，大瘤上又长出许多小瘤，变粗糙、龟裂，坚硬，深褐色，最后外皮坏死脱落，露出许多突起状小木瘤。

（2）病原

病原为根癌土壤杆菌，隶属于原核生物界、薄壁菌门、土壤杆菌属。

（3）发病规律

病菌可在根瘤内或土壤中的根瘤残体上存在一年以上，两年内得不到侵染机会，就丧失致病力和生活力。病菌可由灌溉或雨水传播，也可随繁殖材料、耕作农具以及地下害虫等传播。病菌由伤口入侵，在皮层的薄壁细胞间隙中繁殖，刺激附近细胞加快分裂、增生，形成肿瘤，瘤内有吲哚类化合物，从细菌入侵到出现症状需要数周至一年以上。碱性土壤和湿度大、黏重土壤中的植物发病较重，施肥过多及平茬留床苗、采条苗、受伤苗易发病。杨树不同种间发病率有明显差异，毛白杨发病率最高，其次为银白杨，加杨和钻天杨受害较轻。

2.根癌病类防治方法

（1）注意检疫，严禁从病区调运苗木和种条。

（2）及时清除病苗病根，圃地加强轮作，死亡病树的树穴撒施硫黄粉、硫酸亚铁或漂白粉 50～100 g，进行土壤消毒。

（3）栽培、养护管理过程中防止各种伤口。

（4）栽植时以 1%硫酸铜液浸根 5 min 消毒；成年大树染病后，切除病瘤，再以 1 000 单位链霉素或土霉素进行伤口消毒。

第二节　园林植物虫害与防治

一、蛀干害虫

蛀干害虫是指幼虫钻蛀木本植物主干或枝、草本植物茎秆并匿居其中的昆虫，如鞘翅目的天牛、小蠹虫、象甲、吉丁虫，鳞翅目的透翅蛾、木蠹蛾等。

钻蛀性害虫生活隐蔽，除成虫期较易发现外，幼虫隐蔽在植物体内，取食韧皮部、木质部的形成层，并形成虫道，轻则导致树木长势衰弱，重则造成树木成株成片迅速死亡，是一类最具毁灭性的害虫。因其活动场所隐蔽且防治困难，所以应采取措施，防患于未然。

（一）天牛类

1.青杨天牛

（1）分布、寄主及为害情况

青杨天牛又称杨枝天牛，分布于中国的黑龙江、辽宁、陕西、甘肃、宁夏、青海、新疆、内蒙古、山东、山西、河南、河北等。俄罗斯的西伯利亚和高加索、朝鲜、欧洲、北非南部等地也有分布。青杨天牛为害毛白杨、银白杨、加杨、小叶杨、山杨、蒿柳和垂柳等，时常加害二三年生苗木和幼树的主梢，在苗圃和幼林中易造成重大损失。幼虫蛀食幼干或枝梢后，被害部位形成纺锤状瘤（即虫瘿），这是最明显的为害症状。青杨天牛易使枝梢干枯风折，主干畸形呈秃头状，严重影响幼树生长。

（2）形态特征与生活习性

成虫体窄长，长 9～14 mm，体宽 2.5～3.5 mm；体黑色，密被淡黄色绒毛并混有黑灰色长竖毛。每个鞘翅有 4 个或 5 个黄色绒毛圆斑，雄虫的不甚明显。触角端部黑色，卵白色，幼虫黄白色，老熟时体长 10～15 mm，头和前胸背板黄褐色，体背有一条明显的中线。青杨天牛每年 1 代，以成熟幼虫在树干上越冬。第二年 4 月下旬幼虫开始活动，化蛹，5 月中旬出现成虫。

2.天牛类的防治方法

（1）严格遵守检疫制度，控制虫苗进入。

（2）选择抗虫品种，培植混合林。

（3）在林带边缘设孤木，诱使天牛产卵，秋季剪除受害枝条，对受害严重树木进行平茬处理。

（4）树干涂白。用生石灰 10 份，硫黄粉 1 份，食盐 0.2 份，牛胶 0.2 份，水 30～40 份，加敌百虫 0.2 份，调成涂白剂，涂在树干下部离地 2 m 范围内。

（5）捕杀成虫。一般 5～7 月为天牛成虫盛发期，应经常检查捕杀成虫。具有假死性的成虫，可振摇树枝使其跌落并捕杀。

（6）在 5 月中旬成虫出现初期，喷洒菊酯类农药绿色威雷药剂 100～150 倍液防治。

（7）涂药杀卵和低龄幼虫。在产卵和幼虫孵化盛期，于产卵刻槽和幼虫为害处涂菊酯类农药绿色威雷药剂加柴油或煤油等 10 倍液，或有机磷类加油类 3～5 倍液；或用棉花吸收药液包扎在枝上（先刮去老皮），外包塑料薄膜；或用药液拌适量黏土调成药膏，粘涂于产卵和幼虫为害处。

（二）象甲类

1.杨干隐喙象

（1）分布、寄主及为害情况

杨干隐喙象主要为害中、幼龄林木的主干，号称中、幼龄林毁灭性杀手。国内分布于东北、内蒙古、新疆、甘肃、陕西、山西、河北等地；国外分布于日本、俄罗斯、西班牙、捷克、波兰、匈牙利、德国、英国、意大利、法国、荷兰、加拿大、美国等。寄主多为杨柳科树种，易使造林成活率和保存率低，难以成林成材。幼虫为害时，先在韧皮部和木质部之间蛀食，后蛀成圆形坑道，蛀孔处的树皮常裂开呈刀砍状，部分掉落形成伤疤。为害后的苗木（含插条、接穗）、幼树的树皮表面微下凹，有红褐色水渍状或油渍状、呈倒马蹄形的刻痕，排出黑褐色丝状物或木丝；幼虫羽化后在嫩枝条或叶片上补充营养，并形成针刺状小孔；成虫产卵时可在枝痕、休眠芽、皮孔、裂缝、伤痕或其他木栓组织处留下针刺状小黑孔。

（2）形态特征与生活习性

成虫为长椭圆形，黑褐或暗红褐色，无光泽；全体密被灰褐色鳞片，其间散布由白色鳞片形成的若干不规则的横带；鞘翅上各着生6个黑色鳞片簇；喙弯曲，中央具1条纵隆线；前胸背板宽大于长，两侧近圆形，前端极窄，中央具1条细纵隆线。复眼圆形，黑色；触角9节呈膝状，暗红褐色。鞘翅宽度大于前胸背板，后端形成1个三角形斜面，雄虫阳具端，略似弹头形，但不隆起，先端边缘中央有一"V"形缝，卵椭圆形，乳白色。老熟幼虫体长9 mm左右，乳白色，全体疏生黄色短毛，胸、腹部弯曲，头部黄褐色，上颚黑褐色，下颚及下唇须黄褐色，头颅缝明显，前头上方有1条纵缝与头颅相连，前胸具1对黄色硬皮板，胸足退化，足痕处生有数根黄毛。蛹乳白色，腹部背面散生许多小刺，前胸背板上有数个突出的刺。

该虫在中国每年发生1代，以卵或初孵幼虫在枝干韧皮内部越冬。第二年5月中旬才开始活动，卵也相继孵化。6月上旬有蛹出现，成虫7月上旬开始出现，盛期为7月中旬，一般在早晚天气凉爽时活动。成虫9月上旬开始产卵，卵产于树干2 m以下叶痕、树皮裂缝或皮孔的木栓层中。

2.象甲类的防治方法

（1）主要依靠苗木传播，因此必须加强检疫。

（2）对疫区进行化学除害处理。可以在5月中旬以内吸性药剂对所为害幼树进行喷雾防治，对于面积较小的疫木，以打孔注射的方法消灭害虫。

（3）对于非疫区，如果发现该虫，应立即拔除病树并进行烧毁处理，调运新采伐的杨柳带皮原木或小径材。一旦发现有虫，就地剥皮或用溴甲烷或硫酰氟熏蒸处理，用药量为30 g/m³，在20 ℃温度下熏蒸48 h，处理合格后方可调运。对严重被害的树干，应沿根际处伐除并烧毁。如果条件许可，可利用成虫假死性，于早晨震动树干，捕杀震落的成虫。

（4）对带有杨干隐喙象越冬幼虫或卵的苗木，可在春季掘苗、起运前，用

40%氧化乐果乳油或 40%久效磷乳油 50～100 倍液、2.5%溴氰菊酯乳油 100～200 倍液对树干进行全面喷洒。

（5）发现携带有 2～3 龄幼虫的苗木，可用 2 000 mg/g 剂量的 4.9%氧化乐果微胶囊剂、10 g/kg 剂量的 2.5%溴氰菊酯 LD 缓释膏、5 g/kg 剂量的 2.5%溴氰菊酯 BD 缓释膏和 10 g/kg 剂量的 25%灭幼脲三号油胶悬剂点涂坑道表面排粪处。老龄幼虫或蛹期宜采用 56%磷化铝片剂，放入虫孔道内，每孔 0.05 g 并进行密封虫口，或用 40%乐果柴油（1：9）液剂涂虫孔。

（三）蠹虫类

1.松十二齿小蠹
（1）分布、寄主及为害情况

松十二齿小蠹分布于中国黑龙江、吉林、辽宁、陕西、四川、云南等地的针叶树林区，以及欧洲、俄罗斯、朝鲜等。该虫主要为害松属树木及云杉和落叶松，能够直接入侵健康或半健康的寄主树木，为其他小蠹的入侵定居创造条件，加速被害树木的死亡。

（2）形态特征与生活习性

成虫体长 5.8～7.5 mm，圆柱形，褐色至黑褐色，与同属其他种的区别为额顶上缘刻点纵向凹陷，额面两眼之间有一个横堤，横堤与口上片间的中隆线连成"丁"字形，但该中隆线不时中断或下陷。前胸背板前部疏生细小圆颗瘤，翅端斜面始于翅后 1/3 处，其两侧各 6 齿，第四齿最大，呈纽扣状。前胃板板状部、片状部、嗉囊界限明显，片状部前缘中部微前突；板状部占前胃板全长的 1/2，中线齿细小；沿板状部边缘分布的副关闭刚毛似绒毛状，关闭刚毛长相当于咀嚼刷的 3 倍，其外缘无齿，咀嚼刷密而整齐，斜面齿细而不显著。卵乳白色，椭圆形，0.8～1.2 mm。幼虫体长 6.7 mm，圆筒形，肥而多皱折，弯向腹面。蛹乳白色，体长 7 mm。坑道为复纵坑；母坑道 2～4 条，每条宽 5 mm

左右；子坑道增大迅速，互不交叉，长 25～50 mm。整个坑道位于皮层内，边材上的痕迹浅。

2.蠹虫类的防治方法

（1）加强监测预报工作，准确掌握先锋种、优势种的种源地。

（2）严格进行苗木检疫。

（3）选择抗虫品种，培植针阔叶混交林。

（4）在冬季或翌春 4 月前伐除虫害木。

（5）饵木诱杀。在优势种或先锋种扬飞入侵前，采伐少量衰弱的松、柏枝作为饵木，引成虫潜入，待新的子坑道大量出现而幼虫尚未化蛹时，将饵木剥皮，歼灭幼虫。

（6）生物防治。保护和利用当地优势天敌，创造对其有利的生态条件。

（7）化学防治。在越冬成虫扬飞入侵盛期，向活立木喷洒化学剂，通常有 80%敌敌畏乳油、50%辛硫磷乳油、50%杀螟硫磷乳油、90%敌百虫晶体、20%甲氰菊酯乳油、2.5%溴氟菊酯乳油等的 1 000～1 500 倍液。

（四）透翅蛾类

1.白杨透翅蛾

（1）寄主及为害情况

白杨透翅蛾新孵幼虫入侵杨树表皮及韧皮部。蛀入孔有幼虫排出粪便和碎屑，被害处逐渐肿胀，形成瘤状虫瘿。幼虫一般不转移为害，树干细时，能将周围咬通，粗时仅蛀食半周。被害部位组织增生形成虫瘿，树木被害部位终生为空膛，随着树干长粗，空膛随之加大，原因是羽化孔受雨水侵蚀，导致菌类繁殖。树木长到一定高度，树干受风阻等影响随时可以折断。

（2）形态特征与生活习性

成虫外观很像膜翅目的胡蜂，有明显的拟态；体长 11～21 mm，翅展 23～

39 mm；头呈半球形，头和胸部之间有橙黄色鳞片围绕，头顶有米黄色鳞片；前翅纵狭，有赭色鳞片，中室与后缘略透明；后翅透明，缘毛灰褐色；腹部圆筒形，黑色，有 5 条橙黄色环带。卵椭圆形，黑色，上有灰白色不规则多角形刻纹。老熟幼虫体长 30 mm，圆筒形，黄白色；初龄幼虫淡红色。胸足 3 对，腹足、臀足退化，仅留趾钩。蛹长 12～23 mm，纺锤形，褐色。腹部 2～7 节，背面各有横列倒刺两排，9、10 两排具刺 1 排。

一年 1 代，以成熟幼虫在枝干蛀道内结成薄茧越冬。4 月下旬，幼虫开始活动，化蛹，5 月下旬成虫开始羽化，羽化后，蛹壳仍留羽化孔，此为识别白杨透翅蛾的标志之一。初孵幼虫始见入侵，6 月下旬为入侵盛期。入侵部位在幼嫩组织处，当天即可钻到髓部；入侵部位在树干和枝条上，当天只能钻蛀至木质部和韧皮部之间。初龄幼虫取食韧皮部，4 龄以后蛀入木质部为害。幼虫入侵后围绕蛀食，致使被害部位组织增生，形成瘤状虫瘿。经过一段时间后，幼虫继续向里钻蛀，在入侵孔的髓部或紧靠髓部的木质部凿成纵的虫道。9 月底，幼虫停止取食，以木屑将隧道封闭，吐丝做薄茧越冬。成虫羽化后，当天下午进行交尾产卵。成虫无明显趋光性，但雌成虫性诱能力很强。成虫产卵于叶腋、叶柄基部、旧虫孔内、机械性伤痕处、树皮缝和枝条棱角基部等，产卵量 300～400 粒。卵细小，不易发现，卵期 7～15 天。雌成虫平均寿命 4 天（2～6 天），雄成虫平均寿命 3 天（1～5 天）。

2.透翅蛾类防治方法

（1）进行苗木检疫。

（2）性信息素诱捕防治。根据白杨透翅蛾成虫一生只交配一次和未交配的雌成虫释放性信息素求偶的习性，利用性信息素诱捕雄蛾，以减少交配的机会，降低虫口密度。也可利用黑光灯诱杀成虫。

（3）苗圃诱杀和人工刺杀幼虫。在苗圃周围地边或田埂上种表皮粗糙的杨树幼苗，引诱成虫产卵为害。冬季剪掉虫枝，消灭越冬幼虫；幼虫多在虫瘿上方 2 cm 左右处，可用铁丝从虫瘿较薄处往上刺杀幼虫。

（4）化学防治，从 6 月上旬开始，在幼虫孵化始期用 40%氧乐果 1 000 倍稀释液、50%的久效磷 1 500 倍稀释液、50%的杀螟松 1 000 倍稀释液等喷洒苗木和幼林，每隔 10 天一次。至 7 月中旬幼虫蛀入为害前期，用 40%氧乐果 3～5 倍稀释液，在幼虫入侵孔周围绕涂宽 10 cm 的药环，防效超过 95%。幼虫蛀入后，用针管向入侵孔内注入 80%的敌敌畏 20 倍稀释液 1～2 mL，然后用黄泥堵孔。

二、食叶、花、果类害虫

（一）毒蛾类

1.舞毒蛾

（1）分布与为害情况

舞毒蛾，又称秋千毛虫、苹果毒蛾、柿毛虫，属鳞翅目、毒蛾科的欧洲种，1860 年传入北美洲东部，为森林和果树的一大害虫。其为世界性害虫，国外分布于朝鲜、日本、俄罗斯及欧洲；国内分布于黑龙江、吉林、辽宁、河北、内蒙古、山东、山西、陕西、宁夏、甘肃、青海、新疆、河南、湖北、四川、江苏、浙江、湖南、贵州、台湾等地。常见寄主有苹果树、梨树、桃树、杏树、樱桃树、橡树、杨树、柳树、桑树、榆树等 500 余种植物。舞毒蛾幼虫食量大，几周内可把树叶吃光。成蛾约 10 天后从蛹茧中钻出。

（2）形态特征与生活习性

成虫雌雄异型，雌虫体长 20～25 mm，翅展 45～75 mm，体黄白色或淡褐色，前翅黄白色，花纹变异很大，有 4 条锯齿状暗色横线，中室有一明显黑斑，腹部肥大，末端着生黄褐色毛丛；雄虫体长 18 mm 左右，翅展 30～47 mm，色似枯叶色，头部黄褐色，复眼黑色，下唇须向前伸，前翅暗褐色或褐色，有深色锯齿状横线，中室中央有一个黑褐色斑点，横脉上有一弯曲黑褐色纹，前、后翅呈黄褐色。卵圆形，有光泽，两侧稍扁，直径 0.8～1.3 mm，初产时为杏黄色，以后转为褐色，卵产在一起，成为卵块。每个卵块有 300～800 个卵，上覆盖黄褐色绒毛。1 龄幼虫体黑褐色，体毛较长，着生在毛瘤上，体毛中有呈液泡扩大的毛，称为"凤帆"，幼虫能借以乘风迁移扩散，胸部毛瘤暗色，排列成 6 纵列；2 龄幼虫"凤帆"消失，身体黑褐色，胴部呈现出两块黄色斑；3 龄幼虫胴部花纹增多，背面的两列毛瘤具有典型的颜色，两列斑纹更鲜明；老熟幼虫体长 50～70 mm，头黄褐色，具有"八"字形灰黑色条斑。蛹长 18～34 mm，红褐色或黑褐色，上覆有锈黄色毛丛，毛瘤着生，无茧。

　　舞毒蛾一年发生 1 代，主要以完成胚胎发育的幼虫在卵内越冬，在东北翌年 5 月上旬幼虫开始孵化，孵化的早晚同卵块所在的地点温暖程度有关，产于石崖上和石砾中的卵块孵化较晚。幼虫孵化后群集在原卵块上，气温转暖时上树取食芽苞及叶片。1 龄幼虫昼夜生活在树上，群集叶片背面，白天静止不动，夜间取食叶片成孔洞，受惊动后则吐丝下垂，可以借助风力远距离飘移传播。2 龄后日间潜伏于落叶、树缝、树下枯叶及地面石块下等，黄昏时上树蚕食叶片。其在生长的过程中具有分散习性，幼虫历期较长，一般在一个半月左右。7 月上旬老熟幼虫开始化蛹，蛹期 12～17 天。8 月份为羽化期，因为羽化后的雄成虫在日间常常成群飞舞，故被称为"舞毒蛾"。成虫羽化后 2～3 天即可交尾。雌蛾产卵在树干表面、主枝表面、树洞中、石块下、石崖避风处及石砾上等。每个雌虫平均产卵量为 450 粒，每个卵块为 300 多粒，大发生时最高产卵量可达 1 000 粒，平均为 750 粒。大约一个月内幼虫在卵内完全形成，然后停止发育，进入滞育期。卵期长达 9 个月，卵块在林间的分布有两种类型：高密度时为聚集分布，低密度时为随机分布。舞毒蛾雌雄成虫均有强烈的趋光性，雄成虫有较强的趋化性。

2.柳毒蛾

（1）分布及为害情况

柳毒蛾，又名雪毒蛾、杨毒蛾，属鳞翅目、毒蛾科。柳毒蛾分布于中国西北、东北、华北等地。国外分布于日本、俄罗斯、加拿大、地中海等地。被害植物有柳树、杨树、樱桃树、梨树、杏树、桃树等。

（2）形态特征与生活习性

成虫体长 11～20 mm，翅展 33～55 mm，全体着生白色绒毛；复眼圆形，黑色；雌蛾触角短，双栉齿状，白色；雄蛾触角羽毛状，棕灰色；足胫节和跗节有黑白相间的环纹；翅白色，有丝质光泽，前翅反面前缘脉近肩角处长 5 mm 左右，黑色，卵扁圆形，直径 0.8～1 mm，初产时绿色，近孵化时为灰褐色；卵粒成堆，块状，上有白色胶质泡沫状分泌物。老熟幼虫体长 28～41 mm，头部黑色有棕白色毛，额沟为白色纵纹；背各节有黄色或白色接合的圆形斑 11 个，第四、五节背面各生有黑褐色短肉刺 2 个；除最后一节外，各节每侧横排棕黄色毛瘤 3 个，各毛瘤上分别着生长毛、短簇毛，体背两侧有黄色或白色细纵带各一条，纵带边缘为黑色。胸足黑色。蛹长 18～26 mm；腹面黑色，体每节侧面均保留着幼虫期毛瘤的痕迹，腹部末端具臀棘一簇。

柳毒蛾每年发生 2～3 代，以幼虫越冬，次年春暖季节开始活动，继续取食，一年为害 3～4 次。华东沿海各地 5 月中下旬为越冬代幼虫为害盛期。5 月底起陆续化蛹，6 月上中旬出现成虫，并交尾产卵。6 月下旬到 7 月上旬和 8 月上中旬为第一代和第二代幼虫为害期，至 8、9 月幼虫开始下树，寻找隐蔽处结薄茧越冬。卵成块集中产在树干表皮、枝条、叶背等处，每块多的超过 100 粒，幼虫初孵时有群集性，在叶背取食叶肉，触动时会吐丝下垂。3 龄后分散爬动为害整叶，不再吐丝下垂。每次脱皮前吐灰色薄丝做一小槽，脱皮后停 2～4 h，再行食叶。幼虫老熟后在卷叶或树皮裂缝等处吐稀疏薄丝化蛹，蛹期 7～9 天不等。成虫有趋光性，白天多在荫蔽处，晚上活动，觅偶交尾。成虫寿命雄蛾 3～6 天，雌蛾 6～8 天。

3.杨毒蛾

（1）分布及为害情况

杨毒蛾又名杨雪毒蛾，属鳞翅目、毒蛾科。国外分布于欧洲西部、地中海及加拿大，国内分布于黑龙江、吉林、辽宁、内蒙古、山东、河北、山西、陕西、河南、福建、江西、湖南、湖北、四川、云南、西藏、青海、新疆等地。主要以幼虫取食叶片，为害杨树、柳树、白桦、榛子树等。

（2）形态特征与生活习性

雌成虫体长 19～23 mm，翅展 48～52 mm；雄成虫体长 14～18 mm，翅展 35～42 mm。全身被白绒毛，稍有光泽；复眼漆黑色；雌蛾触角栉齿状，雄蛾触角羽状，触角主干黑色，有白色或灰白色环节；足黑色，胫节、跗节具有白色的环纹。卵馒头形，初产为灰褐色，孵化前为黑褐色，卵成块状，覆盖灰色胶状物，外表不见卵粒。老熟幼虫体长 30～50 mm，黑褐色；头部浅暗红褐色，冠缝两侧各有黑色纵纹 1 条；背中线黑色，两侧为黄棕色，其下各有 1 条灰黑色纵带；气门线灰褐色，气门棕色，围气门片黑色；体每节均有黑色或棕色毛瘤 8 个，形成一横列，上密生黄褐色长毛及少数黑色短毛；腹部青棕色；胸足棕色。蛹长 16～26 mm，暗红褐色有光泽，体每节保留着幼虫期毛瘤的痕迹，上密生黄褐色长毛，腹端有黑色臀棘一组。

杨毒蛾在黑龙江一年发生 1 代，以 3 龄幼虫于 8 月开始越冬，翌年 4 月下旬杨树展叶时上树为害，多于嫩梢取食叶肉，留下叶脉。受惊扰时，立即停食不动或迅速吐丝下垂，随风飘往他处。老龄幼虫则少有吐丝下垂现象，受惊也不坠落。4 龄以后能食尽整个叶片，大发生时，往往数日就能将树叶吃光。幼虫有强烈的避光性，晚间上树取食，白天下树隐蔽潜伏。初龄幼虫 4～5 时开始下树，15 时上树取食；老龄幼虫则 2 时停食下树，18 时上树，以 20 时上树者最多。幼虫蜕皮前，在隐蔽处吐丝做一薄膜掩护。杨毒蛾有强烈的群集性，白天下树潜伏或隐蔽及脱皮，多集中在树洞内、干基周围 30 cm 之内的枯枝落叶层下，有的成团潜伏在一起，并喜阴湿。6 月上旬幼虫老熟，寻找隐蔽场所，吐丝做茧。幼虫在茧中体渐渐收缩，进入预蛹期，约经 3 天脱皮成蛹，6 月下旬为化蛹盛期。蛹群集，往往数头由臀棘缀丝连在一起。蛹期 11～16 天。6 月中旬成虫开始羽化。羽化多集中在 18～22 时，尤以 21 时为多。成虫白天静伏叶背、小枝、杂草中，受惊时才飞走。18 时开始活动，以 2～5 时活动最盛，特别是雄蛾，到处飞翔，觅偶交尾，5～6 时逐渐停止活动。成虫具有较强的趋光性。交尾多集中在 3～5 时，交尾后当晚可产卵，卵产于树冠下部枝条的叶背面、小枝和树干、杂草，甚至建筑物上。雌蛾可连续产卵 2～3 天，平均产卵量为 329（61～535）粒。卵为块状，每块平均 99（23～165）粒。卵期 15 天。雌成虫寿命 4.4 天，雄成虫寿命 8.5 天。7 月上旬幼虫孵化，初孵幼虫多藏于隐蔽处，20 小时后才开始活动、取食，为害一直持续到 8 月。老熟幼虫在枯枝落叶层、杂草丛、土层、刺蛾的旧茧壳、树皮缝等处越冬。杨柳干基部萌芽条及覆盖物多，杨毒蛾发生重。杨毒蛾的幼虫和蛹的天敌主要有寄生蝇、寄生蜂及菌类，寄生率达 24.4%。卵的寄生天敌主要有赤眼蜂、卵小蜂。

4.毒蛾类的防治方法

（1）人工采集卵块法

在大发生的年份，其卵块一般大量集中在石崖下、树干、枯枝落叶、草丛等处，所以容易人工采集并集中销毁，基本上可以控制该虫的为害，且成本较低。

（2）人工采集幼虫法

该方法在小面积严重发生地块实施效果较好，可以控制毒蛾的大发生。采集时间应在毒蛾幼虫暴食期前的 3～4 龄期进行。此方法可以作为人工采集卵块法的延伸和补充。

（3）喷雾或喷烟防治

在 3 龄幼虫期，可以利用苏云金杆菌 BtMP-342 菌株进行喷雾防治；1.8%阿维菌素或者 0.9%的阿维菌素乳油喷雾或喷烟防治，其他的生物农药喷雾或喷烟防治。

（4）灯光诱杀

成虫羽化始盛期，在野外利用黑光灯或频振灯配高压电网进行诱杀，同时在灯具周围的空地喷洒化学杀虫剂，及时杀死引诱到的各种害虫的成虫。

（5）性引诱剂诱杀

根据部分毒蛾类成虫具有强的趋化性的特点，利用人工合成的性引诱剂诱杀成虫。

（6）改善环境，保护天敌

舞毒蛾天敌昆虫很多，如卵期寄生天敌主要是大蛾卵跳小蜂，幼虫期天敌主要是枯叶蛾绒茧蜂、寄蝇，蛹期天敌主要是舞毒蛾黑瘤姬蜂、寄蝇等，另外还有捕食性天敌鸟类、蜘蛛、细菌、病毒等。杨毒蛾的幼虫和蛹的天敌主要有寄生蝇、寄生蜂及菌类，卵的寄生天敌主要有赤眼蜂、卵小蜂。柳毒蛾的天敌在幼虫期和蛹期有毛虫追寄蝇，还有小茧蜂、致病细菌等，卵期有黑卵蜂、赤眼蜂、卵小蜂等。保护好目前林区毒蛾天敌资源，使毒蛾种群数量变动受到天敌的有效制约，可以实现有虫不成灾的目的，保护现有的森林资源。

（7）化学防治

防治虫态主要为低龄幼虫，采用的化学农药有 90%敌百虫结晶体、50%辛硫磷乳油、20%杀灭菊酯、25%敌百虫粉剂、25%灭扫利、20%速灭杀丁、50%杀螟硫磷乳油。

（二）刺蛾类

1.黄刺蛾

（1）分布与为害情况

黄刺蛾又名洋辣子，国外分布于日本、朝鲜、俄罗斯西伯利亚南部；国内除宁夏、新疆、贵州、西藏外，其他地区均有分布，尤以江苏、上海、湖北、江西等地发生严重。主要为害重阳木、三角枫、刺槐、梧桐、梅花、月季、海棠、紫薇等 120 多种植物。幼龄幼虫取食叶片下表皮和叶肉，剩下上表皮，形成圆形透明小斑，大龄幼虫取食叶片形成孔洞，老龄幼虫能将全叶吃光，仅留叶脉。

（2）形态特征与生活习性

雌蛾体长 15～17 mm，翅展 35～39 mm；雄蛾体长 13～15 mm，翅展 30～32 mm；体橙黄色；前翅内半部黄色，外半部黄褐色，有两条暗褐色斜线，在翅尖前汇合于一点，呈倒"V"字形，为黄色与褐色分界线；后翅淡黄褐色。卵扁椭圆形，淡黄色，表面有龟甲状刻纹。幼虫粗短肥大，老熟幼虫体长 19～25 mm；头部黄褐色，隐藏于前胸下；胸部黄绿色，体自第二节起，各节背线两侧均有一对枝刺；枝刺上有黑色刺毛；体背有紫褐色大斑纹，前后宽大，中部狭细，呈哑铃形；体末节背面有 4 个褐色小斑。体侧中部有 2 条蓝色纵纹；气门上线淡青色，气门下线淡黄色。蛹椭圆形，粗而肥，长 13～15 mm，淡黄褐色。茧椭圆形，质坚硬，黑褐色，有灰白色纵条纹，似雀蛋。

在东北地区一年发生 1 代，华北地区 1～2 代，长江下游 2 代，以老熟幼虫在树干和枝杈处结茧越冬。东北地区越冬成虫 6 月中旬开始羽化；7 月上中旬产卵孵化，幼虫自 8 月中旬起陆续结茧越冬。发生 2 代的地区，越冬幼虫 5 月中下旬开始化蛹，6 月上中旬成虫羽化、产卵；第一代幼虫为害盛期是 6 月下旬至 7 月中旬，7 月下旬开始结茧化蛹，成虫发生于 8 月上旬；第二代幼虫为害盛期是 8 月下旬至 9 月中旬，9 月下旬幼虫陆续在枝干上结茧越冬，为害期主要为 6～9 月份。第一代幼虫结的茧小而薄，第二代茧大而厚。黄刺蛾在各地的发生期有一定的差异。

成虫白天潜伏在叶片背面，夜间活动，有趋光性。卵产于叶近末端背面，散产或数粒聚在一起，卵期 5～6 天，成虫寿命 4～7 天。卵多在白天孵化。幼虫孵化取食卵壳后在叶背取食叶肉，使叶片成筛网状，长大后蚕食叶片。幼虫共 7 龄，历期 22～33 天。

2.褐边绿刺蛾

（1）分布与为害情况

褐边绿刺蛾又名青刺蛾、绿刺蛾、四点刺蛾、黄缘绿刺蛾、曲纹刺蛾。国外分布于日本、朝鲜、俄罗斯沿海地区；国内分布于华北、华东、中南及西南地区。主要为害石榴、梅花、樱桃、月季、香樟、梧桐、丁香、海棠、桂花、冬青等花木。初龄幼虫群栖啃食叶肉，仅留下表皮，可使叶片透明；3 龄以后蚕食叶片，形成缺刻和孔洞；6 龄后多从叶缘向内蚕食，严重时能将叶片吃光，仅余叶脉。

（2）形态特征与生活习性

雌成虫体长 15.5～17 mm，翅展 36～40 mm；雄虫体长 12.5～15 mm，翅展 28～36 mm；复眼黑褐；触角褐色；雄蛾触角栉齿状，雌蛾丝状；胸部背面粉绿色；前翅绿色，基部有一个褐色大斑，外缘有一个灰黄色带，宽带的翅脉及内侧呈波状纹，暗褐色，并散生暗褐色小点；后翅及腹部浅褐色，并散生暗褐色小点；后翅及腹部淡褐，前后翅缘毛浅棕色，卵扁椭圆形，长径 1.2～1.5 mm，宽径 0.8～0.9 mm，扁平光滑，淡黄绿色。老熟幼虫体长 24～27 mm，宽 7～8.5 mm；头红褐色，前胸背板黑色，体翠绿色，背线黄绿至浅蓝色；中胸及腹部第八节各有 1 对蓝黑色斑；后胸至第七腹节每节有 2 对蓝黑色斑；亚背线红棕色；中胸至第九腹节每节着生棕色枝刺 1 对，刺毛黄棕色，并夹杂几根黑色毛；体侧翠绿色，间有深绿色波状条纹；后胸至腹部第九节侧腹面均具刺突 1 对，上生黄棕色刺毛腹部第八、九节各着生黑色绒球状毛丛 1 对。蛹卵圆形，体长 13~16 mm，宽 7~8 mm，棕褐色。茧圆筒形，两端钝平，暗褐色，坚硬，表面有棕色毛。

在东北一年发生 1 代，长江以南 2~3 代。以老熟幼虫在浅土层中结茧越冬。1 代区越冬成虫 6 月中旬羽化，至 7 月上旬；7 月上旬起幼虫进入为害期，8 月中旬结茧越冬。2 代区越冬茧在翌年 4 月下旬至 5 月上中旬化蛹。5 月下旬至 6 月成虫羽化产卵，6 月至 7 月下旬为第一代幼虫为害活动期，7 月中旬后第一代幼虫陆续老熟结茧化蛹。8 月初第一代成虫开始羽化产卵，8 月中旬至 9 月第二代幼虫为害开始。9 月中旬以后老熟幼虫入土结茧越冬。成虫产卵于叶背，数十粒呈龟鳞状排列。初孵幼虫不取食，2 龄后取食蜕下的皮及叶肉，3、4 龄幼虫逐渐吃穿叶表皮，6 龄后自叶缘向内蚕食。幼虫 3 龄时有群集活动习性，以后分散。成虫具趋光性，夜间活动。

3.刺蛾类的防治方法

（1）园林技术防治

冬季结合修剪，剪除或刮掉越冬茧，减少虫源。

（2）物理防治

在成虫发生期，用黑光灯诱杀成虫。

（3）人工防治

发现叶片呈筛网状时，及时摘除带虫叶，将初孵幼虫消灭在扩散之前。

（4）生物防治

保护和利用天敌，在天敌活动期尽量少喷施农药，也可隔行或隔株用药；在低龄幼虫期喷布 Bt 乳剂 1 500~2 400 mL/hm^2。

（5）化学防治

防治幼虫应控制在 3 龄以前，以消灭第一代幼虫为主；幼虫大发生时，每公顷用 20%菊·杀乳油 300 mL 或杀螟硫磷溴氰菊酯复配剂（50%杀螟硫磷乳油和溴氰菊酯乳油 4∶1 比例）600 mL、50%敌敌畏乳油 900 mL、90%晶体敌百虫 1 125 g、50%杀螟硫磷乳油 900 mL、75%辛硫磷乳油 900 mL 兑水 1 200 kg喷雾。

（三）枯叶蛾类

枯叶蛾类害虫属鳞翅目枯叶蛾科，是中等至大型蛾子。体躯粗壮，被厚毛，后翅肩叶发达，因静止时形似枯叶而得名。幼虫大型多毛，有毒，常统称毛虫。多数是林木害虫，全世界已知的有 1 400 多种。大部分种类幼虫取食植物叶片，少数种类蛀食嫩芽。

1.黄褐天幕毛虫

（1）分布与为害情况

黄褐天幕毛虫又名天幕枯叶蛾，俗称顶针虫。国外分布于日本、朝鲜、俄罗斯等国，国内除新疆和西藏外均有分布。幼虫为害杨、柳、山桃、山杏、海棠、碧桃、梅花、樱花、月季、玫瑰、蔷薇等花木，有时也为害落叶松等针叶树，是园林植物上发生比较早的一种食叶害虫。此虫食性杂、为害大，严重时常把树叶吃光，易造成幼小花灌木死亡。

（2）形态特征与生活习性

雄成虫体长约 15 mm，翅展长为 24～32 mm，淡黄色，前翅中央有两条深褐色的细横线，两线间的部分色较深，呈褐色宽带，缘毛褐灰色相间，触角呈双栉齿状；雌成虫体长约 18～20 mm，翅展长约 29～39 mm，体翅褐黄色，腹部色较深，前翅中央有一条镶有米黄色细边的赤褐色宽横带，触角呈栉齿状。卵椭圆形，非常坚硬，灰白色，高约 1.3 mm，顶部中央凹下、常数百粒卵围绕枝条排成整齐的圆桶状，形似顶针状或指环状，因而被称为"顶针虫"。幼虫共 5 龄，老熟幼虫体长 50～55 mm，头部灰蓝色，顶部有两个黑色的圆斑；体侧有鲜艳的蓝灰色、黄色和黑色的横带,体背线为白色,亚背线为橙黄色,气门黑色;体背有黑色的长毛,侧面生淡褐色长毛。蛹体长13～25 mm,呈黄褐色或黑褐色,体表有金黄色细毛。茧黄白色,双层,一般结于阔叶树的叶片正面、草叶正面或落叶松的叶簇中。

黄褐天幕毛虫在内蒙古大兴安岭林区一年发生1代,以完成胚胎发育的卵越冬。第二年5月上旬当树木发叶时开始钻出卵壳,为害嫩叶,初孵幼虫夜间群居在卵块附近小枝上,并在枝杈处吐丝结网,白天群栖于网巢之内,呈天幕状(故有"黄褐天幕毛虫"之称),此后又转移到枝杈处吐丝张网,1～4龄幼虫白天群集在网幕中,晚间出来取食叶片。幼虫近老熟时分散活动,食量大增,易暴发成灾,5月下旬6月上旬是为害盛期,幼虫开始陆续于叶间杂草丛中、卷叶、树皮裂缝之中结茧化蛹;7月为成虫盛发期,羽化成虫晚间活动,交尾产卵于当年生小枝上。在内蒙古大兴安岭林区,成虫主要集中产卵在柳树枝条上,每一丛柳树上卵块数高达73块。

2.杨枯叶蛾

(1)分布与为害情况

杨枯叶蛾,又名贴皮毛虫。国内分布于华东、华北、东北、西北、西南各地区;在国外,日本、朝鲜、俄罗斯等国均有分布。为害植物有桃花、樱花、梅花、李、杏、杨、柳等木本植物花卉,幼虫群集取食树叶成缺刻或孔洞,3龄后分散为害。

(2)形态特征与生活习性

杨枯叶蛾为中大型蛾子,体翅黄褐,雌蛾翅展56～76 mm,雄蛾翅展40～59 mm;缘呈弧形波状,后缘极短,从翅基出发有5条黑色斑纹,中室呈黑色斑,后翅有3条明显的黑色斑纹,前缘橙黄色,后缘浅黄色;前后翅散布有少数黑色鳞毛;以上基色和斑纹常有变化,或明显或模糊。卵椭圆形,长2 mm,灰白色,有黑色花纹,卵块上覆盖灰黄绒毛。老熟幼虫体长80～85 mm,扁平,密被纤细长毛,腹面赤褐色,腹足间有棕色横带,白天往往紧贴树皮不易发现。蛹褐色,外有灰褐色茧,上有幼虫体毛,亦有毒。

一年发生 2 代,以幼虫紧贴树皮凹陷处越冬。翌年早春温度在 5 ℃以上时,即开始取食为害。4 月中下旬开始化蛹,5 月即有成虫出现,5 月下旬至 6 月上中旬第一代幼虫开始为害。老熟后吐丝或在树干上结茧化蛹。每雌蛾产卵 200～300 粒。

3.枯叶蛾类的防治方法

(1)做好预测工作,特别是黄褐天幕毛虫,每次产 1～2 个卵块,多数情况下为 1 个卵块,且位置相对较固定,易于发现,同时卵期长达 10 个月,所以一般将卵和卵块作为调查的重点,防患于未然。

(2)园林技术防治。合理密植,培养针阔叶混交林,种植高抗性树种。

(3)人工防治。人工摘卵、采茧,消灭越冬幼虫及蛹,人工捕杀幼虫及成虫。

(4)生物防治。保护和利用捕食性、寄生性天敌,招引益鸟。喷施苏云金杆菌、白僵菌等生物农药进行防治;利用致病病毒收集因核型多角体病死亡的天幕毛虫尸体,经捣烂粗提加水后喷施,并继续扩大人工感染,控制其为害。

(5)诱杀成虫。在 7 月上旬到中旬利用黑光灯、频振灯诱杀黄褐天幕毛虫成虫。

(6)化学防治。喷施 50%杀螟松、90%敌百虫、80%敌敌畏乳油、50%辛硫磷乳油或 2.5%溴氰菊酯乳油等。

(四)舟蛾类

舟蛾,又名天社蛾,属鳞翅目、舟蛾科。幼虫大多颜色鲜艳,背部常有显著的峰突,臀足不发达或特化成为可向外翻缩的枝形尾角,栖息时一般只靠腹足固着,头尾翘起,形如龙舟,故有"舟形毛虫"之称。

1.杨扇舟蛾

（1）分布与为害情况

杨扇舟蛾，又名"白杨天社蛾"。国内分布广泛，黑龙江、福建、江西、湖南、广东、云南、宁夏、甘肃等地均有发生；国外分布于欧洲、俄罗斯、朝鲜、日本、印度和斯里兰卡。幼虫严重为害各种杨树和柳树的叶片，取食叶肉和上表皮，吐丝缀叶形成虫苞，躲于内取食。

（2）形态特征与生活习性

成虫体长 13～17 mm，翅展 30～38 mm；雄成虫略小于雌成虫；触角呈双栉齿状，黑灰色；体淡灰色，前翅面有四条灰白色条纹，敏翅顶角有一淡黄色扇形斑；后翅颜色略淡。卵呈半球形，径 0.43～0.45 mm，初产时淡黄色，后逐渐加深，孵化前暗灰色。卵平铺单层聚产于叶面，每个卵块上有卵 140～230粒，卵块上覆有交错似网的虫丝。幼虫共 6 龄，幼虫第一和第八腹节背部长有一个红色突起，上面着生数根长短不一的褐黄色毛；低龄虫体黄绿色，老龄幼虫背部灰白色，亚背线灰绿色。蛹长 13～17 mm，初化时黄褐色，后变为红褐色，蛹体尾端具分叉的臀棘。

辽宁一年 2～3 代，华北一年 3～4 代，华中一年 5～6 代，华南一年 6～7代，以蛹越冬。海南一年 8～9 代，整年都为害，无越冬现象。成虫白天不活动，多栖息于叶背，夜晚活动，有趋光性。越冬代成虫，卵多产于枝干上，以后各代主要产于叶背面，常百余粒产在一起，排成单层块状，每个卵块有卵 9～600 粒，每头雌虫可产卵 100～600 粒。幼虫在卵中发育成熟后在卵的顶部咬出边缘不规则的近圆形的孔并钻出，爬离卵壳，就近群集休息后开始取食。1～2龄集中于叶面，取食叶片上表皮和叶肉，残留叶脉和下表皮。2 龄以后吐丝缀叶形成虫苞，在杨树上可将 3～4 个叶片缀连一起，在柳树上可把整个枝条的叶片缀连在一起，白天在虫苞中潜伏，天黑后爬出取食，待虫苞周围叶片食光后，幼虫迁移到未受害枝条上重新缀叶结成虫苞，1 只老龄幼虫 24 小时可吃掉

85～100 cm^2 的杨树叶片。为害严重时，把叶片吃得支离破碎，仅残留叶脉，暴食过后再吐丝缀叶结成虫苞躲在里面潜伏，如此往复。

2.舟蛾类的防治方法

（1）人工物理防治

越冬是应用人工措施防治的有利时机，可人工收集地下落叶或翻耕土壤，以减少越冬蛹的基数；幼虫期组织人力摘除虫苞和卵块，也可以利用幼虫受惊后吐丝下垂的习性通过震动树干捕杀下落的幼虫。成虫羽化盛期应采用杀虫灯（黑光灯）诱杀等措施。

（2）生物防治

在幼虫 3 龄期前喷施生物农药和病毒防治。采用地面喷雾时，对于树高在 12 m 以下的中幼龄林，用药量为 Bt200 亿国际单位/亩、青虫菌乳剂 1～2 亿孢子/mL、阿维菌素 6 000～8 000 倍。对于高大的片林，如有机场条件，可考虑利用飞机防治。对于片林和海防林，在卵期释放赤眼蜂进行防治，在害虫产卵初期，放蜂点为 50 个/公顷，放蜂量为 25～150 万只/公顷。

（3）仿生药剂防治

用以灭幼脲为主的仿生药剂喷雾防治：20%灭幼脲三号 375 g/km^2、1.2%烟·参碱乳油 1 000～2 000 倍。

（4）打孔注药防治

对发生严重、喷药困难的高大树体，可打孔注药防治。利用打孔注药机在树胸径处不同方向打 3～4 个孔，注入疏导性强的 40%氧化乐果乳油、50%甲胺磷乳油、40%久效磷乳油、25%杀虫双水剂。用药量为 2～4 mL/100 m 胸径，使用原药或 1 倍稀释液。注药后注意封好注药口。

（5）喷雾防治

对于 2～3 龄期树，喷 25%灭幼脲三号 800～1 000 倍液，或喷 80%敌敌畏 800～1 200 倍液，或喷 2.5%敌杀死 6 000～8 000 倍液。

（五）卷叶蛾类

卷叶蛾类害虫种类有很多，据估计全世界约有 3 500 种。卷蛾幼虫常吐丝将几个叶片缠缀在一起或卷叶为害。卷蛾成虫都有趋光性，为害园林植物。常见的有苹褐卷蛾等。

1.苹褐卷蛾

（1）分布及为害情况

苹褐卷蛾又名褐带卷蛾。国内分布于华东、华北、东北等地，国外分布于朝鲜、日本、俄罗斯、印度。被害植物有苹果、梨、杏、樱桃、蔷薇、月季等花木。幼虫取食新芽、嫩叶和花蕾，常吐丝缀连 2～3 叶或纵卷 1 叶，并潜藏于卷叶内食害，严重影响植株的生长和开花。

（2）形态特征与生活习性

成虫体长 10 mm，翅展 23 mm，前翅黄褐色，各斑纹及网状纹深褐色，网状纹不明显，前翅的前缘中部至后缘有一浓褐色中带，前窄后宽，近顶角处有一半球形浓褐斑纹，内缘中部凸出，外缘略弯曲。后翅灰褐色。卵为扁椭圆形，淡黄绿色，直径 0.7 mm。幼虫绿色，老熟时体长 18～20 mm，头部褐色。蛹纺锤形，暗褐色。

一年发生 2～3 代，幼虫在翘裂皮层缝隙或草把隐蔽处越冬。第二年 4～5 月寄主植物发芽后开始爬到嫩梢上，食害新芽、花蕾、嫩叶。吐丝将嫩叶缀在一起，潜伏其中为害，被害叶被咬成网状，仅剩叶脉，稍大卷叶为害。幼虫如遇惊扰，就从卷叶外出，吐丝下垂，一般同一株树上的内膛枝和上部枝被害严重。到 5 月中下旬开始化蛹于被害植物卷叶间，蛹期 8～10 天，6～7 月羽化为成虫。成虫产卵成块，每个卵块 100 余粒，上盖透明胶质物。成虫有趋光性，对糖蜜等亦有良好趋性。当年第一代幼虫发生于 7～8 月间，初孵幼虫群栖叶上，食害叶肉，2 龄后吐丝分散，卷叶为害。

2.卷蛾类的防治方法

（1）物理、人工防治

冬、春季结合修剪，剪掉顶梢卷叶烧毁；幼虫发生为害数量不多时，可根据为害状，随时摘除有虫卷叶。秋后树干上绑草把或草绳诱杀越冬幼虫。

（2）诱杀防治

利用黑光灯诱杀成虫。

（3）化学防治

夏季害虫发生时，喷施50%杀螟松或90%敌百虫1 000倍液，30%乙酰甲胺磷乳油500倍液或50%杀螟松1 000倍液。

（六）灯蛾类

灯蛾属鳞翅目、灯蛾科，其因成虫趋光性强、夜间扑灯而被称为"灯蛾"，幼虫身体多毛。灯蛾种类很多，全世界有3 000余种。与园林植物关系最密切的有人纹污灯蛾等。

1.人纹污灯蛾

（1）分布及为害情况

人纹污灯蛾，又名红腹白灯蛾、人字纹灯蛾。国内分布于东北、华北、华东、华中等地，国外日本、朝鲜、菲律宾等地均有分布。幼虫取食叶片，为害植物主要有木槿、芍药、月季等花卉。

（2）形态特征与生活习性

雄成虫体长17～30 mm，翅展46～50 mm；雌体长20～23 mm，翅展55～58 mm。雄蛾触角短，呈锯齿状，雌蛾触角呈羽毛状。下唇须先端黑色，各足的末端黑色，下唇须基部、前足腿节与前翅的基部均为红色，腹部背面深红色至红色，身体的大部分为黄白色，翅白色至黄白色。后翅带红色，缘毛白色，前后翅的反面或多或少杂有红色。卵扁圆形，淡绿色，直径0.6 mm左右。幼虫头部黑色，胴部淡黄褐色，背线不明显，亚背线暗绿色；胴部各节有 10～16 个突起，有数个突起簇生淡红色长毛；胸足淡黑色，腹足先端暗色。蛹圆锥形，深紫褐色，尾端尖细，体面有许多细点，腹面扁平，背面黑弧形，尾端生有 12 根短刚毛。

在辽宁一年发生 2 代，以蛹在土中越冬，5 月中旬羽化。白天常静伏隐蔽处，晚上活动产卵。卵产叶背成块或成行，每处有数十粒至百余粒。每雌蛾可产卵 400 粒左右。初孵幼虫群栖叶背面，取食叶肉，3 龄后分散为害。幼虫有假死性，成虫有趋光性。

2.灯蛾类的防治方法

（1）人工防治

摘除卵块和尚未群集为害的有虫叶或束草诱集化蛹，集中处理。

（2）灯光诱杀

在成虫羽化盛期利用黑光灯诱杀成虫。

（3）生物防治

保护天敌，寄生性天敌有灯蛾绒茧蜂、舟蛾赤眼蜂，捕食性天敌有小花蝽、三色长蝽和多种草蛉；或喷施白僵菌、苏云金杆菌、核型多角体病毒等微生物制剂。

（4）化学防治

喷施 90%敌百虫或 50%辛硫磷 1 000 倍液等防治。

（七）叶甲类

1.榆蓝叶甲

（1）分布及为害情况

榆蓝叶甲又名榆绿毛萤叶甲、榆绿叶甲，属鞘翅目、叶甲科。分布于黑龙江、吉林、辽宁、甘肃、河北、山西、陕西、山东、内蒙古等地。成虫、幼虫为害榆树，将叶片食成网眼状，严重时使整个树冠一片枯黄，是榆树的主要害虫之一。

（2）形态特征与生活习性

成虫体长 7～8.5 mm，宽 3.5～4.2 mm；全身被毛，枯黄至黄褐色，鞘翅绿色，有金属光泽；头顶部有一个三角形黑纹，两侧凹陷部外方各有一个椭圆形黑纹；黑眼大，黑色，半球状；小盾片黑色，较大，近方形。鞘翅宽于前胸背板，后半部稍膨大，刻点极密。雄虫腹部末节腹板后缘中央凹缺呈马蹄形，卵长 1.1 mm，宽 0.6 mm，黄色，梨形，顶端尖细。末龄幼虫体长 11 mm，体长形，微扁平，深黄色，中、后胸及腹部 1～8 节背面漆黑色；头部较小，表面疏生白色长毛；前胸背板近中央后方有一近方形的黑斑；前缘中央有一灰色圆形斑；中、后胸背可分为前后两小节，每节背面有 4 个毛瘤，两侧各有 2 个毛瘤；腹部背面 1～8 节也多分为两小节，前小节有 4 个毛瘤，后小节有 6 个毛瘤，两侧各有 3 个毛瘤，臀板深黄色，上面疏生刚毛；气门黑色，开口于骨化板上，腹面有无数浅黑色斑点，吸盘后方有 2 个黑斑。蛹乌黄色，翅带灰色，椭圆形，背面被有黑褐色刚毛。

辽宁一年发生 2 代，山东则为 3 代，以成虫在屋檐、墙缝或树皮裂缝等缝隙中越冬。次年 5 月中旬开始出现，相继交配产卵，多选择完整无缺的叶背产卵块，平均每块含卵 12 粒。于 5 月下旬开始孵化为幼虫。初孵幼虫剥食叶肉，残留下表皮：被害部分呈网眼状，2 龄以后，将叶食成孔洞，一头幼虫一生可食 6～7 张叶片。幼虫善于爬行。第一代幼虫幼虫期为 18～23 天。老熟幼虫于 6 月下旬开始下树，爬到树杈的下面或树的窟窿及树皮裂缝等隐蔽处，群集在一起化蛹，蛹期 10～15 天。成虫羽化后经 1～2 天，爬到树冠上取食，7 月中旬开始产卵，盛期在 7 月末，8 月下旬产卵终了。第二代幼虫在 7 月下旬开始孵化，幼虫期为 22～30 天，第二代成虫期在 8 月下旬到 10 月上旬。

2.叶甲类的防治方法

（1）林业技术措施

种植抗虫树种，清理枯枝落叶，深翻土地。

（2）人工除虫

利用其假死性，震落消灭；在成虫群飞寻越冬场所时，网捕处死；在幼虫群集于树干化蛹时，扫落后集中烧毁。

（3）生物防治

以白僵菌、苏云金杆菌等微生物杀虫剂防治成虫，利用赤眼蜂等天敌防治。

（4）化学防治

于成虫、幼虫在树上取食为害期，以80%敌敌畏乳油或50%杀螟松等1 000～1 500倍液喷液。10%顺式氯氰菊酯乳油以及灭幼脲一号、阿维菌剂等对幼虫和成虫都有效。内吸药剂在根部打孔注药，也可用塑料布捆绑树干或涂刷药液环来阻杀成虫上树。

（八）叶蜂类

1.蔷薇叶蜂

（1）分布、寄主及为害情况

蔷薇叶蜂属膜翅目、叶蜂科，国内各地均有分布。寄主植物有月季、蔷薇、黄刺玫等蔷薇科植物。幼虫蚕食叶片，仅留主脉。成虫产卵于嫩茎上，导致枝梢枯萎。

（2）形态特征与生活习性

雌蜂体长7 mm左右，翅展21～23 mm，雄蜂略小于雌蜂；头、胸、足蓝黑色，有光泽，触角黑色，鞭状；翅浅棕褐色，有紫红色反光；腹部橙黄色。卵椭圆形，米黄色。老熟幼虫体长18～23 mm，黄绿色；头部黄色，被金黄色绒毛；触角棕色，3节，刚毛状；胸足3对，腹足6对；身体各节具3排横列的黑色瘤突，上具 1～3 根淡黄色刚毛。1～3 龄幼虫身体各节无黑色瘤突或斑点，初孵虫白色，后变为翠绿色。裸蛹，长约 9 mm，淡黄色，化于薄茧之中，除翅芽为白色外，其余部分的颜色与成虫近似。

在北京一年发生 1 代，浙江一年 2～4 代，南京地区一年 5 代，以老熟幼虫在土中结茧越冬，有世代重叠现象。幼虫于 10 月中下旬至 11 月陆续老熟入土越冬。雌雄成虫羽化当天或次日交尾。成虫用锯状产卵器刺入枝条木质部，多产于新梢或嫩枝内，每头雌虫产卵量 30～40 粒。幼虫喜群集，昼夜取食，长大后逐渐分散取食叶片。幼虫期约 1 个月，老熟后于被害植株附近草丛或浅土层中结茧，并在其中化蛹。

2.叶蜂类的防治方法

（1）园林技术防治

冬季耕翻消灭幼虫，及时清扫落叶，剪除成虫产卵枝梢和初孵幼虫集中为害的枝叶，摘除虫瘿叶，集中处死。

（2）生物防治

在幼虫发生盛期，喷施苏云金杆菌、白僵菌等微生物制剂，同时保护和利用叶蜂的各种天敌。

（3）化学防治

于幼虫发生盛期，或虫瘿刚鼓起至黄豆粒大时，喷 90%晶体敌百虫、50%杀螟硫磷乳油、20%氰戊菊酯乳油等的 1 000～2 000 倍液。

（九）蚜虫类

蚜虫属同翅目、蚜总科。目前世界上已知蚜虫 4 000 多种，分别隶属于 500 多属，归于 13 个科，为害普遍。

1.桃蚜

（1）分布、寄主及为害情况

桃蚜为世界性害虫，遍布全国各地。寄主植物超过300种，包括桃、梅、李、杏、樱花、海棠、月季、枸杞、石榴、柑橘、兰花、牡丹、金鱼草、菊花等。桃蚜虽然体型很小，但繁殖快、数量多，为害严重。为害嫩叶、嫩梢，甚至老叶、茎、花、果等，使植物畸形、生长缓慢或停滞，分泌蜜露污染，还可传播多种病毒病，严重时导致落叶、枯死。

（2）形态特征与生活习性

无翅胎生雌蚜长2 mm左右，绿色，有时为黄色至红褐色；触角较体长；腹管灰黑色，细长，圆筒形，具瓦纹；尾片圆锥形，两侧各有曲毛3根。有翅胎生雌蚜长2 mm左右，头胸黑色；触角6节；腹部暗绿色，腹背面有淡黑色斑纹；腹管绿色，细长；尾片着生3对弯曲的侧毛。若蚜形态与无翅雌蚜相似，体较小，淡绿或淡红色。

每年发生10～20代，以卵在桃树的叶芽和花芽基部越冬。也有部分孤雌蚜在温室花卉植物上越冬。繁殖方式有两种，即有性生殖及孤雌生殖，因此蚜虫具有"多型现象"。越冬卵在桃树萌发时孵化为干母，无翅全孤雌胎生，后代为干雌。干雌无翅，可不断孤雌胎生有翅的迁移蚜，到处扩散为害，到10月中下旬先产生性母蚜，性母蚜再产生雌蚜和雄蚜，飞回原寄主交配产卵越冬。

2.蚜虫类的防治方法

（1）园林技术防治

通过科学的管理，合理调整种植结构，改善植株间的小气候；通过适当灌溉或浇水及施肥，增强植物抗性。

（2）物理防治

利用铝箔或银色反光塑料薄膜避蚜，也可用黄皿或黄色薄型塑料板诱杀有翅蚜。

（3）生物防治

蚜虫有多种天敌，主要有瓢虫、食蚜蝇、蚜茧蜂等，应注意保护、引种、人工繁殖及释放天敌，少用广谱性农药，选用生物农药，如用25%硫酸烟碱乳油、2.5%鱼藤酮乳油、0.3%苦参碱水剂或0.3%印楝素乳油等兑水喷雾。

（4）化学防治

在蚜虫密度大、为害严重时，可以使用杀虫剂来达到迅速杀死蚜虫，保护植物生长的目的。

①早春药剂喷雾防治。大约在树萌芽后，当卵的孵化率达到80%时喷药防治，此时蚜虫最不抗药。可使用3%吡虫清（啶虫脒、莫比朗）乳油1 500倍液、10%吡虫啉（扑虱蚜）可湿性粉剂4 000倍液等喷药防治。

②后期药剂喷雾防治。当蚜虫在园中呈点片发生时进行防治。除应用早春喷雾药剂以外，还可使用25%阿克泰水分散剂8 000～10 000倍液、50%抗蚜威（辟蚜雾）可湿性粉剂4 000倍液、20%速灭杀丁（氰戊菊酯）乳油1 000倍液、10%氯氰菊酯乳油1 500倍液、5%高效氯氰菊酯乳油1 500倍液、2.5%功夫菊酯乳油2 000倍液、5%来福灵乳油2 000倍液等农药进行常规喷雾。

③涂干防治。可采用刻条涂抹法进行防治。刻条时，条长15 cm，每条间隔2 cm。可使用吡虫清或氧化乐果2～3倍液涂干，第一遍干后，再涂第二遍，然后用地膜包扎起来。用药5天后，即可杀死大部分的蚜虫，并可维持药效长达50天，即一个生长季节。注意，在5月下旬应将地膜去除，否则在雨季会导致树皮腐烂。

④包干防治。选择距地面20～30 cm的主干或主枝基部，选一个宽15 cm左右的光滑带（树干粗皮可刮除）作为包药部位。在选好的部位上包一圈吸水物（旧棉花、卫生纸或废旧书报等均可），然后将内吸农药50%甲胺磷或40%氧化乐果等稀释成3～5倍液，注或涂在吸水物上约20 mL，用塑料薄膜扎紧。塑料薄膜在药液显现效果5～6天后解除；吸水物在雨前除去，以免包

扎处腐烂。

（十）蚧类

蚧类属同翅目、蚧总科，种类极为丰富，是园林植物常见害虫。尤以中国长江流域及其以南地区种类繁多，为害严重。蚧类已成为园林植物虫害中极为突出的问题。特别是多年生木本植物受害更重。

蚧类是一群特殊的害虫，成虫及若虫在叶片及茎干上生活，它们将口器刺入植物组织内大量吸食汁液，使寄主植物丧失营养，严重失水。受害叶片常呈现黄色斑点，提早脱落；幼芽、嫩枝受害后，会因生长不良而枯萎。同时大量排出蜜露，导致煤污病的发生，使叶片不能进行光合作用。为害严重时，植株树势衰弱，最后枯死。

1.日本松干蚧

日本松干蚧别名松干蚧、松干介壳虫。

（1）分布及寄主

国外分布于日本和韩国；国内分布于吉林、辽宁、山东、江苏、浙江、安徽和上海等地。寄主主要为松属植物，如油松、赤松、黑松、马尾松等。

（2）形态特征与生活习性

蚧虫雌雄异型，形态异常特化。雌成虫卵圆形，长 2.5～3.3 mm，橙褐色；体节不明显，头胸愈合；触角 9 节，基部 2 节粗大，其余为念珠状；口器退化；单眼 1 对，黑色；胸足 3 对，转节三角形，上有一根长刚毛。雄成虫长 1.3～1.5 mm，翅展 3.5～3.9 mm，头、胸部黑褐色，腹部淡褐色，触角丝状，上有许多刚毛；口器退化；前翅发达，膜质半透明，翅面有明显的羽状纹，后翅退化为平衡棒；腹部第八节背面有一个马蹄形硬片，其上生有柱状管腺 10～18 根，分泌出一束白色长蜡丝。若虫初孵时为橙黄色，触角 6 节，单眼 1 对，紫黑色；喙圆锥状，口针极长，取食前卷缩于喙内；胸足发达，腿节粗大。雄蛹分预蛹和蛹；预蛹形成翅芽，脱皮后成为蛹；眼紫褐色，附肢和翅灰白色；雄蛹包被于白色椭圆形小茧中。

日本松干蚧一年发生 2 代，以 1 龄寄生若虫越冬（夏）。各代发生期各地不一，如山东地区为 5 月下旬至 6 月中旬。当年第一代的成虫期，山东地区为 7 旬至 10 月中旬。卵期 2～16 天，初孵若虫在皮层裂缝或叶腋处由喙部伸出细长口针刺入植物组织来固定寄生，头、胸逐渐增宽，背部隆起，触角、足等附肢均缩在腹部，体形就变为梨形和心脏形，虫体很小，又很隐蔽，不易发觉。脱第一次皮后，附肢全消失，体外分泌蜡丝，虫体迅速增大，显露于皮缝外，较易识别，是为害严重的时期。寄生部位多集中于阴面，使阴面生长破坏，阳面继续生长而造成垂枝、扭曲等畸形。其传播扩散，除随着苗木调运从一地传播到另一地外，还主要通过风、雨水和人为活动等途径蔓延。

2.蚧类的防治方法

（1）植物检疫

蚧类常固着寄生，虫体微小，主要靠寄主枝条、接穗、果品甚至树干携带而远距离传播。因此，对苗木、接穗和果品的采购、调运过程进行检疫，可以防止其传播蔓延。

（2）林业技术及物理机械技术防治

结合绿地管护，及时采用拔株、剪枝、刮树皮或刷除等措施，清除虫源；同时加强水、肥等的管理，增强植株抗性。此外，蚧类短距离扩散蔓延主要靠初孵若虫爬行，此时采用枝干涂粘虫胶或其他阻隔方法，可阻止扩散，消灭绝大部分若虫。粘虫胶用 10 份松香、8 份蓖麻油和 0.5 份石蜡配制而成，将它们按比例混在一起，加热融化后即可使用，黏性一般可维持 15 天左右。

（3）生物防治

释放澳洲瓢虫、大红瓢虫和黑缘红瓢虫等，可有效防治吹绵蚧、草履蚧的为害。蚧类的寄生蜂、寄生菌种类也十分丰富。

（4）化学药剂

可使用 10%吡虫啉可湿性粉剂 4 000 倍液、40.3%速扑杀乳油 1 500 倍液或 48%乐斯本乳油 1 500 倍液，这些药剂也可兼治蚜虫。

（十一）叶蝉

叶蝉属同翅目、叶蝉科，身体细长，体后逐渐变细，常能跳跃，能横走，且易飞行。为害园林植物的种类最常见的有大青叶蝉等。

1.大青叶蝉

（1）分布、寄主及为害情况

大青叶蝉又名大绿浮尘子、青头虫等。该虫分布于全国，主要以成虫在树上产卵为害，可为害丁香、海棠、梅、桃、樱花、梨、核桃、杨、柳、榆、槐等花木。产卵时由产卵器刺破表皮致枝条失水，影响养分输导，在冬季可造成冻害。

（2）形态特征与生活习性

成虫体长 8～10 mm，头部黄绿色，两颊微青，顶部有 2 个黑斑；复眼三角形、绿色；前胸背板淡黄绿色，后半部深青绿色；小盾片淡黄绿色，中间横刻痕较短，不伸达边缘；前翅绿色，端部半透明，翅脉为青黄色；后翅烟黑色；腹部背面蓝黑色，胸、腹部及足橙黄色。卵长 1.6 mm，白色微黄，中间微弯曲，表面光滑。若虫共 5 龄，1～2 龄若虫灰白而带黄缘，3～4 龄若虫黄绿色并有翅芽出现，5 龄若虫中胸翅芽后伸，几乎与后胸翅芽等齐，超过腹部第二节。

在西北地区一年发生 2 代，华北地区一年发生 3 代，以卵越冬。越冬卵次年 4 月下旬至 5 月初孵化，刺吸植物的汁液，逐渐长翅变为成虫。成虫受惊和若虫一样，斜行、横行或振翅而飞，或由叶面逃避至叶背。成虫趋光性很强，羽化后尚需进食补充营养 20 天左右。雌雄交尾后 1 天即产卵，第一、二代成虫卵多散产在杂草上，第三代大多产卵在 1～5 cm 直径的枝条上。其先用产卵管尖端在植物上刺成一个小孔，再用产卵管锯成月牙形伤口，即产卵一排，一般 7～10 粒，整齐排列在伤口表皮下，每雌产卵 70～100 粒。

天敌有蜘蛛、蟾蜍、麻雀，据记载还有卵寄生蜂，寄生率可达 15%。

2.叶蝉的防治方法

（1）园林技术防治

加强园林管理，及时清除杂草，消除寄主，保护天敌，剪除带卵块或有产卵伤疤的枝条，减少虫源。

（2）灯光诱杀

在成虫发生期，利用其趋光性，用黑光灯或白炽灯进行诱杀。

（3）人工防治

在早晨露水未干时，网捕若虫、成虫。

（4）化学防治

在 10 月上中旬其第三代成虫开始上树产卵时喷药防治，使用 10%氯氰菊酯乳油或 5%高效氯氰菊酯乳油 1 500 倍液、80%敌敌畏乳油 800 倍液、10%吡虫啉可湿性粉剂 4 000 倍液、50%叶蝉散乳油、90%晶体敌百虫等的 1 000～1 500 倍液，均有很好效果。

参 考 文 献

[1] 陈科. 园林工程施工质量控制对策分析[J]. 居舍，2022（11）：112-114.

[2] 陈汝阳. 苗木移植技术在园林绿化施工中的运用[J]. 中国建筑装饰装修，2022（22）：67-69.

[3] 陈英舜. 高海拔寒冷地区园林绿化工程施工与苗木养护方式方法[J]. 低碳世界，2022，12（7）：190-192.

[4] 丁伟. 园林绿化工程施工管理问题及对策研究[J]. 新农业，2022（17）：19-20.

[5] 段玲. 园林绿化工程中的成本控制[J]. 林业科技情报，2022，54（4）：154-156.

[6] 樊芳兰. 加强园林绿化工程质量监督管理对策探讨[J]. 居业，2022（9）：133-135.

[7] 甘文宇. 园林绿化工程施工管理要素及改进对策[J]. 大众标准化，2022（15）：87-89.

[8] 胡明卫. 园林绿化工程造价管理与成本控制探析[J]. 冶金管理，2022（13）：4-5，48.

[9] 胡占东. 园林绿化工程施工和养护管理分析[J]. 居舍，2022（22）：135-138.

[10] 李洪燕. 试论风景园林绿化工程施工与养护管理存在问题及对策[J]. 中华建设，2022（7）：63-64.

[11] 李倩，辛亮. 园林绿化工程施工与养护管理措施[J]. 现代农村科技，2022

（8）：58-59.

[12] 李位选．小区景观园林绿化工程施工管理常见问题及措施研究[J]．佛山陶瓷，2022，32（8）：166-168.

[13] 李政斌．园林绿化工程建设管理及养护[J]．农业科技与信息，2022（15）：57-59.

[14] 刘传业．城市园林工程施工管理研究[J]．砖瓦，2022（12）：89-91，94.

[15] 梅兆坤．关于市政园林绿化工程施工技术的探讨[J]．城市建设理论研究（电子版），2022（32）：61-63.

[16] 彭方明．园林工程施工技术难点与管理对策[J]．乡村科技，2022，13（15）：120-122.

[17] 彭俊杰．城市园林绿化工程施工及养护管理探究[J]．南方农业，2022，16（14）：35-37.

[18] 苏军在．厦门市园林绿化工程施工质量现状分析与对策研究[J]．中国建筑装饰装修，2023（2）：83-85.

[19] 孙锦涛．园林绿化工程施工与养护管理研究：以广州某段有轨电车沿线绿化为例[J]．城市建设理论研究（电子版），2022（25）：163-165.

[20] 邰资博，晋子豪．园林工程施工中精细化管理的探讨[J]．新农业，2022（9）：32.

[21] 王国茹．关于园林绿化工程预算与造价控制要点分析[J]．财会学习，2022（10）：48-51.

[22] 王丽丽，吴明远．城市园林绿化工程施工与管理的探究[J]．新农业，2022（20）：35-36.

[23] 王勋．城市园林景观施工及道路绿化养护管理研究[J]．农业科技与信息，2022（14）：76-78.

[24] 王友银．城市园林绿化工程施工与管理问题及对策[J]．建筑，2022（13）：

79-80.

[25] 王友银. 园林绿化工程施工控制措施优化分析[J]. 建筑, 2022（17）: 79-
　　　80.

[26] 辛永春. 园林绿化工程档案的管控思路及策略研究[J]. 农家参谋, 2022
　　　（14）: 111-113.

[27] 徐光喜. 探讨园林绿化工程土方地形施工技术[J]. 中华建设, 2023（2）:
　　　122-124.

[28] 许文钦. 浅谈园林绿化工程施工中大树移植技术要点[J]. 现代农业研究,
　　　2022, 28（10）: 97-99.

[29] 严铭. 浅谈园林绿化工程资料在工程管理中的重要性[J]. 四川建材,
　　　2023, 49（1）: 205-206.

[30] 杨坤. 浅析园林绿化施工现场管理与绿化树木花卉管理[J]. 花木盆景（花
　　　卉园艺）, 2022（6）: 74-76.

[31] 杨妍萍. 园林绿化工程施工及绿化养护要点分析[J]. 花木盆景（花卉园
　　　艺）, 2022（8）: 64-65.

[32] 易晓燕. 园林绿化施工与养护管理要点分析[J]. 四川建材, 2023, 49（1）:
　　　237-238.

[33] 于洋, 左岩强. 浅析北方园林绿化植物的养护管理[J]. 城市建设理论研
　　　究（电子版）, 2022（29）: 169-171.

[34] 张赛. 园林绿化工程施工控制措施优化分析[J]. 房地产世界, 2022（09）:
　　　48-50.

[35] 朱效连. 园林绿化工程施工项目成本控制研究[J]. 中国管理信息化,
　　　2022, 25（20）: 64-66.

[36] 朱妍. 园林绿化工程施工阶段的质量管理与安全管理[J]. 中国建筑装饰
　　　装修, 2022（16）: 126-128.